U0160830

数学西游

黄金女王的委托

心心向荣 / 著　姜敏 / 绘

中信出版集团 | 北京

图书在版编目（CIP）数据

数学西游.黄金女王的委托 / 心心向荣著；姜敏绘
. -- 北京：中信出版社, 2022.6
　ISBN 978-7-5217-3750-9

Ⅰ.①数… Ⅱ.①心…②姜… Ⅲ.①数学－儿童读
物 Ⅳ.① O1-49

中国版本图书馆 CIP 数据核字（2021）第 225496 号

数学西游·黄金女王的委托

著　　者：心心向荣
绘　　者：姜敏
出版发行：中信出版集团股份有限公司
　　　　　（北京市朝阳区惠新东街甲4号富盛大厦2座　邮编　100029）
承 印 者：北京中科印刷有限公司

开　　本：889mm×1194mm　1/16　　　　印　　张：11.5　　　字　　数：210千字
版　　次：2022年6月第1版　　　　　　　印　　次：2022年6月第1次印刷
书　　号：ISBN 978-7-5217-3750-9
定　　价：34.00元

出　　品：中信儿童书店
图书策划：好奇岛
策划制作：萌阅文化
策划编辑：鲍芳　王怡　杜雪
责任编辑：鲍芳
营销编辑：中信童书营销中心
封面设计：姜婷
封面绘制：庞旺财
内文排版：黄茜雯

前情提要

　　上一册讲到唐僧师徒四人先是来到五形村，疯玩七巧板；悟空过关卡时掉进河中，却被小白龙救起，又得到了万能望远镜；三个徒弟为了保护数学世界，勤学苦练，学会了等量增减法、改变计算顺序、分类等很多本事。后又来到一百镇，成功破译了超罗的密码，挫败了没数帮的炸弹阴谋，可惜的是，悟空的金箍棒被炸弹炸坏了。师徒四人为了捉住超罗，连忙赶往九九市，这一路上，又会有什么奇遇呢？

目　录

一、黄金女王

　　天还没亮，师徒四人就出发了。因为唐僧要找到老朋友，把借来的农用三轮车还给人家。

　　还是唐僧开车，三个徒弟坐在后面。车子开动后，三人就在突突突声中迷迷糊糊地睡着了。等睡醒时，天已经大亮了。三人发现他们正行驶在一条林荫路上，不禁有些糊涂：他们认识的数学世界都是草原，很少有树，可这里的树却又高又密——这是哪里呢？

　　突……突……突……农用三轮车走得很慢、很吃力，好像是在爬山。更奇怪的是，这车一直在向右拐弯儿，根本就没走过直路！

　　悟空问："这是什么情况，车子怎么一直向右拐？"

　　沙僧说："我也纳闷呢，一直向右拐弯，不是又回到原地了吗？"

八戒说："是不是……师父累坏了，脑子不转了呀？"

悟空说："别乱说，再看看！"

三轮车向右拐的弯儿越来越小，终于停下来。三个徒弟赶紧下车，惊讶地发现，他们来到了一个全新的世界！

为什么这么说呢？因为这里的景色和之前的草原景色完全不同。这里是一块平坦的草地，周围是茂密的花丛和树林，蝴蝶在花丛中飞舞，鸟儿在树上鸣叫，空气又清凉又湿润，真是鸟语花香，别有洞天！这美丽的风景让悟空想起了花果山。

突然，前面传来一个清脆的声音："欢迎光临！"只见一个美丽的少女从树林中款款走出，她皮肤白净、脸蛋微红、长发飘飘，穿一身白色的长裙，虽简单朴素，却气质非凡。

唐僧连忙带着三个徒弟行礼作揖，并介绍道："数学世界有四大天王，这位就是神通广大的黄金女王！"

黄金女王的笑容很甜美："大家好，我是黄金女王，欢迎来到我家！"

八戒说："你叫黄金女王，是因为你是个大富翁……有很多黄金？"

女王愣了一下："才不是呢！我是黄金分割数，所以人们叫我黄金女王！"

大家一齐笑了，女王都笑出了眼泪，她边擦泪边说："还好，你没以为我是黄金做的，那我就成雕像了！"

笑够了，女王伸出手，轻轻一挥，眨眼间，草地上就有了桌椅板凳："大家别客气，随便坐吧！"她再一挥手，桌子上又有了热气腾腾的茶水。于是，师徒四人和女王都坐下来，一边喝茶，一边聊天。

看到女王变出这么多东西，悟空很惊讶："师父，你不是说数学世界里没有神通吗？"

黄金女王有点儿骄傲地说："那指的是你们，刚来的游客怎么会有神通呢？"

唐僧说："对，等你们修炼成数学大神，自然也会有神通！"

悟空却不服气："不成数学大神，我也能变出这些东西，只要走出数学世界！"

唐僧斜着眼睛看悟空，看了一会儿才说："你的神通就是变出东西，可我们的女王不仅能变出东西，还能决定东西长什么样子，你行吗？"

"长什么样子？"悟空指着桌子说，"这桌椅板凳的样子是由做它的人决定的，女王怎么能决定？"

黄金女王笑了笑，谦虚地说："唐长老夸张了，应该说是在这个世界上，有很多很多黄金分割数。"

唐僧笑道："对！我就是想让徒儿们重视起来。"

"世界上有很多黄金分割数……我怎么没看出来？八戒，借你的墨镜用用！"悟空不明白，就戴上神奇墨镜，盯着黄金女王看。他想知道女王到底是什么数。可看了半天，也没看出来。

唐僧说："这墨镜级别不够，还是听我说吧！我说一串数，悟净，你来记，好吧？"

沙僧急忙拿出本子。唐僧说："1、1、2、3、5、8、13、21、34、55，好了，就先写这些吧，仔细看看，这串数有什么规律？"

于是，三人围着这串数，左看右看，苦苦思索。

过了好久，悟空大喊一声："哈哈，我知道了！连续两个数的和，就是下一个数！你们看，1+1就是2，2+3就是5，5+8就是13！"

八戒接着说："对呀，8+13就是21，13+21就是34，规则反复出现——这就是规律！"

沙僧连拍自己的大腿："噢！老天，我也明白了，55后面的数就应该是34+55的和，那就是89了，对吗？"

二、神奇数列

黄金女王对沙僧点点头："对，你们还可以继续往下加，比如89后面的数就是89+55，照这个规律加下去，这串数会有无数个。"

悟空接着问："这倒是挺巧妙，能给我讲讲吗？"

女王说："先说这串数的名字吧。最先发现这串数的是一位意大利人，名字叫斐波那契，所以，这串数就叫斐波那契数列，简称F数列。"

八戒问："数列？数列又是什么？"

女王说："数列就是按照某种规则或形式排列的一串数。我们从植物中就能发现很多F数列。我们先看花，很多花的花瓣数量就是F数列里的数，比如3、5、8、13，还有更多的，比如55、89……"

"等等！我得亲自数数……"悟空拿出全能望远

镜，想看看人间的花。没想到女王抬起手，轻轻一挥，手里就多了 3 枝花，递给三人："数吧！"

悟空低头看一眼花，就脱口而出："这是茉莉花，花果山里就有，我知道，这种花有 21 个花瓣！"

八戒手里的是琼花，花枝上每朵小白花都有 5 个花瓣，每枝上有 8 朵花。八戒说："哎，这 5 和 8 还真是 F 数列里的数哩！"

沙僧拿到的是一种雏菊，花瓣很多，他数了好一会儿才数明白："34 瓣！"

三个徒弟互相看看，点了点头：这些花瓣的数目还真是 F 数列里的数！

"再看树，一棵树的树枝的数量，从低到高排列是 1、1、2、3、5、8、13，正好是一个 F 数列。"黄金女王用手轻轻一比画，在旁边的一棵树上居然出现了一个大屏幕，上面有树的图像，还有年份和树枝的数量和。

"再看松果，它的籽粒是按螺旋线

排列的，如果顺时针数，有8条螺旋线，逆时针数，就有13条螺旋线，这8和13，还是F数列里的数。"女王说完，手中多出3个松果："来，数数看！"大屏幕里也显示出松果的图，还有对应的螺旋线。

"再看一类向日葵花盘，它上面的种子也是按螺旋线排列的。如果顺时针数，是21条螺旋线，逆时针数，就是34条螺旋线，这21和34——也是F数列里的数。"女王说完，手里又有了3个向日葵花盘。

三个徒弟对着花盘，仔细观察，发现果真是这样！此时，三人心服口服。

"还可以从很多植物上看到这种螺旋线，比如菜花、菠萝等，它们的螺旋线的数量也是 F 数列里的数！"

八戒高兴得直拍手："嘿，这也太神奇了！"

悟空却不停地挠头："为什么会这样？难道这些花花草草……学过数学？"

女王说："当然不是！因为这样排列，最节省空间和材料，而且，新的长出来，不会干扰旧的，这是它们经过成千上万年不断进化得到的结果，这个结果和 F 数列有密切的关系。"

沙僧问女王："这 F 数列的确很牛，可是，你和 F 数列有什么关系呢？"

唐僧说："女王是黄金分割数，F 数列是她的神通，她就藏在 F 数列里。"

悟空说："怎么藏的？我怎么没发现？"

唐僧说："等你们到了小数市，我再告诉你们，现在说了，你们也不懂！"

女王说："其实，宇宙中一切事物的运转，都遵守着某种数学规则。而我，只是数学规则中的一员。"

三个徒弟同时问："数学有这么强大？"他们本来以为，数学就是数数和计算呢，最多加上推理。

女王说："那当然！刚才你们也看到了，即使

在一朵花或一个果实里，也一样有数学。这说明了什么？"

三个徒弟陷入沉思，最后，还是悟空反应快一些："说明数学在一切事物中！"

女王高兴得直拍手："对，就是这个意思！"

唐僧说："所以，徒儿们，在数学世界游历过的人，到了人间，绝大部分会取得很大成就。"

沙僧问："为什么呢？"

三、黄金矩形

女王得意地说："原因很简单，如果你能发现事物运转的规律，就能预测事物的未来！在人间，这样的事情太多了，以后让唐长老给你们讲吧！"

悟空挠挠头："数学的作用……是挺大。可人类用 F 数列能做些什么呢？"

女王说："F 数列能做的事可太多了！把 F 数列中 3 以后的任意相邻的两个数，作为长方形的边长，这种长方形，就叫黄金矩形。比如长 89、宽 55，或是长 55、宽 34 的长方形。"

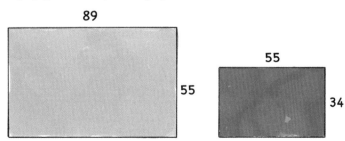

89
55
55
34

八戒问："矩形？是把东西举起来？"

唐僧说："矩形也叫长方形，矩，原本是木工常使用的一种工具，木工用它就能画出长方形。"

沙僧有点儿不明白："可是，F数列里有无数个数，照你说的，我能画出无数个长方形啊？"

女王笑了："是可以画出无数个长方形，可如果把这些长方形放大或缩小，它们都能重合在一起！"

三个徒弟同时惊叫："啊！有这么神奇？"

女王笑得更甜了："不信，你们可以画画看嘛！"

唐僧说："所以啊，徒儿们，其实黄金矩形只有一个！"

女王又说："对，重点不在于大小，而在于长方形的长和宽，这两个数之间有一种确定的关系。"

悟空倒是有点儿明白了："黄金矩形其实就是一种长方形，只是它的长和宽有特定的关系，可是，为什么要加上'黄金'二字呢？"

女王说："因为用处大呀！黄金矩形能给画面带来美感，令人愉悦。很多艺术品中都'有'黄金矩形，比如著名油画《蒙娜丽莎》中的人脸。很多建筑中也有黄金矩形，比如希腊的帕提侬神庙。"

这时，树上的屏幕分别显示出神庙和《蒙娜丽莎》，用黄金矩形往上一框，嘿，还真符合！

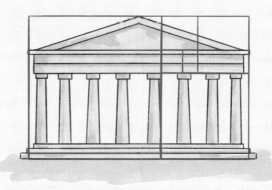

三个徒弟看到这里，彻底服了，都不由自主地伸出了大拇指。

八戒说："不错，那位夫人的脸，要是再长一点儿，或者再宽一点儿，就难看了！"

悟空说："没想到，事物的样子和黄金矩形关系这么大！"

"大师兄，应该这么说——好看的事物都离不开黄金矩形！"沙僧总结道。

唐僧说："这些可都是女王的神通！"

女王脸红了，微微点头道："是和我有关系。所以有很多人说，没有数学就没有艺术。可见，数学功不可没！"

悟空突然一拍脑门："哈哈，想起来了，我们到这里的路线也和F数列有关，对吗？"

黄金女王说："当然！"她又用手轻轻一比画，大屏幕上显示出一张图，图上有一道弧线。

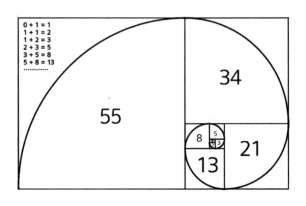

　　"这就是你们来的路线图，我们现在就在这里。"女王用手指着弧线的中心。

三　个　徒　弟

这才明白：为什么三轮车一直在向右拐，而且弯儿越拐越小！

　　黄金女王说："这条线叫黄金螺线，想来我家找到我，就得走这条路。"

　　悟空着急地问："这线有什么秘密？和F数列有什么关系？"

　　女王调皮地眨眨眼："还是等以后再讲吧！"

　　唐僧说："黄金女王很热心，她不但帮助艺术家创作，还悄悄地帮助了很多人，让这些人从不喜欢数学到喜欢数学、热爱数学。"

　　悟空问："嗯？怎样才能让人喜欢数学？"

　　黄金女王说："只要把数学和生活联系起来，帮助人们认识到数学就在身边，就能让人们喜欢上数学。"

　　悟空哈哈大笑，指着女王说："因为你无处不在！"

女王点点头："对呀，这就是我的优势，当然要好好利用！"

"把数学和生活联系起来，其实和师父讲的八方联系法是一个意思。"沙僧说。

八戒说："所以啊，女王不但有神通，更有智慧！"唐僧和女王听了他俩的话，笑得合不拢嘴。

女王又说："当然，要改变一个人的想法很难。想做好这事，首先要倾听他内心的声音。等一会儿，我带你们参观一下五色实验室。"

悟空很好奇："五色？实验室？那又是什么洞天福地？"

唐僧笑道："一会儿你们看到就明白了。咱们先吃饭吧！"

四、五色实验室

吃完丰盛的午餐，黄金女王领着师徒四人进入森林，拐了几个弯儿，走进一间小屋。

小屋里有一段通往地下的楼梯。三个徒弟从楼梯下去，惊讶地发现：这里竟然有一个好大的房间！

这房间不仅大，形状也特殊——有五面墙，每面墙的颜色都不一样，分别是黄、黑、蓝、红、绿五种颜色。墙面上还倒扣着许多灰色的小圆盘。

唐僧说："这就是著名的五色实验室！"

八戒吃饱了，心情特别好，抢先跑到黄色墙边。他拿起一个圆盘，左看右看，却不知道这是干什么的，就扭头问："这是什么呀？"

黄金女王说："这是耳机，把它贴在耳朵上，就能听见声音了。"

　　八戒照着做了,耳机里传出一个儿童的声音:"计算好麻烦!为什么老师总让我计算?我不想算!"

　　听了这话,八戒赶紧拿开耳机,警惕地看看周围:这……怎么是我的想法呢?难道这东西能……知道我在想什么?他赶紧放回这个耳机,又顺手拿起另外一个,贴在耳边。

　　耳机里传出一个少年的声音:"我最不喜欢验算了,为什么要验算?为什么!我讨厌验算!"八戒有点儿抓狂:这还是我的想法!什么情况?于是,他又换了一副耳机。

　　这次,耳机里传出一个成年女性的声音:"让我从前到后去算一堆数的总和,再从后往前重新算一次,天哪,结果永远不同!我痛恨总数、总和!还

有所有与数学有关的东西！"

这时，其他人已走到八戒身边，黄金女王说："人类的大脑中出现的不喜欢数学的想法都会被五色实验室搜集到，并传送到这里……"

八戒终于放松了，长出了一口气：太好了，耳机里的话是别人的想法！

悟空大吃一惊："什么？人家想一想，你们就能知道？比谛听还灵？"谛听是一只神兽，耳朵特别灵，都能分辨真假美猴王，可即使是它，也只能听见声音而无法得知人脑中的想法。

唐僧说："徒儿们，可别忘了，数字是怎么来的。"

沙僧说："我记得2小妹说过，数字是从人类的大脑里蹦出来的！"

女王笑着说："对了，五色实验室也是从大脑里来的，所以能听见人的想法。不过请放心，我们只搜集和数学有关的想法，其余一概不知哟！"

悟空又有了问题："那你们搜集的这些想法到底有什么用呢？"

黄金女王说："用处嘛，我一会儿再说。想法进来后，会被自动分类，分别出现在黄、黑、蓝、红这四面墙上。这面黄色的是牢骚墙，搜集的是人类对数学发的牢骚。"

八戒问："那其他几面墙叫什么啊？"

黄金女王说："黑色的是谣言墙，搜集到的全是和数学有关的谣言。比如，脑袋大的人数学更好，女性的数学永远不如男性，等等，这些话都是错的，是谣言。"

大家一起点头，八戒却小声说："哎，脑袋大的人数学好，这个说法——我喜欢！"

大家一起笑了，继续往前走。

在蓝色墙的耳机里，悟空先听到一个男孩的声音："数学就是背公式，做练习吗？好烦哟！"又听到一个女孩的声音："我明白老师讲的，可一做题就错，这究竟是为什么呢？"

黄金女王说："这是困惑墙，搜集到的是人们在学数学时产生的各种问题。其实，有问题是件大好事，但如果问题一直存在，就麻烦了。"

"有问题就问，怎么会一直存在呢？"悟空很不理解这件事。

唐僧说："你以为谁都像你一样，问起问题来没完没了？很多人心中有问题，却不敢讲出来，因为他们怕被人笑话，所以问题才会一直存在。"

沙僧说："师父说得对，大师兄就像个问题篓子！里面的问题老多了！"

　　八戒开玩笑说："依我看，他更像个马蜂窝，只要捅一下，就会冒出一大堆问题！"

　　"你们两个是在夸我还是骂我呢？"悟空假装生气地问道。

　　唐僧赶紧说："当然是夸了，喜欢提问，是个很大很大的优点！"

　　黄金女王说："对！只有多提问，才能学得扎实，进步飞快！"

五、帮助这些人

在红色墙的耳机里，沙僧先听到一个成年男性的声音："老天保佑，他们可以问我任何问题，只要不是关于数学的就好！"又听到一个成年女性的声音："只要书里有一个数学公式，我就绝不买它、绝不看它！"

女王说："这是恐惧墙，搜集到的都是害怕数学的想法。"

沙僧叹了一口气，摇摇头："真没想到，不喜欢数学的人有这么多！"

女王说："如果不是唐长老带你们进入数学世界，你们也很可能和这些人一样。"

八戒想都没想，就问："为什么啊？"

悟空说："师父会引导我们思考啊，这么好的拍

马屁机会，你都没抓住！"

沙僧说："对呀，师父有八方联系法！"

唐僧阻止道："你们三个打住，别跑题！如果恐惧的想法继续发展，这些人就会变得和没数帮的人一样——讨厌数学，憎恨数学，在数学世界里捣乱。"

听到这话，悟空有些着急了："那可怎么办？"

"当然要行动！"女王领着大家，走到绿色的墙边："人们为什么会有这么多不好的想法呢？主要原因是学数学的方法不对。如果方法正确，人们就一定会喜欢上数学的，尤其是孩子们。"

悟空又问："那怎样让人知道正确的方法呢？"

女王的声音中充满了得意："我们会发送信息啊，来听听吧！"

三个徒弟从绿色墙上拿起耳机，里面传来黄金女王的声音："先数小棍或珠子，亲身体验，就一定能学会数数，小朋友，加油！

"别着急，只要认真些，就一定能算对！

"每个人都能学好数学，相信你能行！"

女王的声音很温柔，却充满力量，让人热血沸腾。因为这些话，既说出了好办法，又饱含鼓励和信任。

唐僧说："这面墙会根据搜集到的想法，把女王说的话自动发送回人脑中。慢慢地，人们就会喜欢数学。所以它叫希望墙。"

悟空很惊讶："嗯？这也能做到？"

女王露出神秘的笑容："是啊，有去就有回，既然能搜集到人们的想法，就能给他们传送信息，这样，这些人就能产生新想法！"

"可是，人们在发牢骚、感到困惑或害怕时，会有新想法吗？"悟空想了半天，扭头问八戒，"你发牢骚时，会有新想法吗？"

八戒认真地想了一会儿："很少有……"

悟空又问沙僧："你困惑时，会有新想法吗？"

沙僧想了想，说："会有一些。但大部分新想法是在讨论时，或者被师父指点后才产生的。"

悟空又问："你们俩在害怕时会有新想法吗？"

沙僧摇摇头："没有！"

八戒也说："害怕时就想着跑，怎么会有新想法！"

说到这里，悟空对女王说："只靠发送信息，能帮助这些人吗？"

女王眨眨眼，摊开双手，既委屈又无奈："我当然知道，如果能面对面谈话，效果会好得多！可问题是，我去不了人间……"

唐僧补充说："虽然她是女王，但只能待在数学世界里。"

悟空又问："那除了发送信息，你还有什么办法能帮助这些人？"

女王说："当然有！我写了一本书，是《数学真经》的第一册，人们看到它，就像和我面对面谈话一样，会喜欢上数学的。"

悟空很好奇："书在哪里？快给我看看！"

女王说："被太上老君拿走了，因为他说他能把这本书送到人间。可是，自从他把书拿走之后，就一直也没有消息，也不知道他走到哪里了。"

沙僧一拍大腿："噢！老天，太上老君被困在了3号区，正等着我们救他呢！"

八戒说："他一定是遇到了大麻烦，才叫我们去帮忙。"

女王听了很焦急："难道他被没数帮缠住了？没数帮最近干了很多坏事，就在昨天，超罗还想来我这里呢！"

"啊！你见过他？他在哪里？"悟空听见超罗这两个字，立刻来了精神。

"就在昨天傍晚，我发现他时，他开的车已经到了21号界碑，"女王捂着嘴笑了，"我修改了一下螺线，他就掉下了山崖！"

"哈哈哈！"大家很开心，这个坏蛋终于得到了
惩罚！

六、送经的任务

等大家笑够了，黄金女王严肃地说："太上老君有麻烦，可五色实验室还需要我，不能脱身，所以……你们能帮我个忙吗？"

师徒四人都不说话，因为困难很明显：太上老君进入数学世界很久了，他都搞不定，说明敌人很强大，前方必将有很多艰难险阻！

可是，如果不帮女王的忙，就得眼看着老朋友受困，耳听着人们不喜欢数学的痛苦。想起那四面墙上的声音，三个徒弟就揪心！

想到这儿，悟空握紧拳头，用力挥了一下，大声说："我没问题！"接着，八戒和沙僧也大声说："我也没问题！"

唐僧就等这句话呢："我们一定尽全力，解救老君，帮送真经！"

女王听后双手合十，连连鞠躬："太好了！谢谢唐长老，谢谢你们！"

唐僧说："别客气！时间紧急，那我们就赶快出发，前往九九市。"

女王说："不用急，这里有一条去九九市的小路。今晚你们就住在这里，明天一早出发，如果骑自行车，傍晚就能到九九市。"

悟空说："自行车？太好了，那三轮车什么都好，就是声音太大！"

女王说："真抱歉，那三轮车本来是园丁用的，唐长老来时特别急，只能先借给你们凑合用一下。但是呢，我给愿意送经的人专门准备了自行车，你们愿意送经，那些自行车就是你们的了！"

他们走出森林小屋，看到草地上摆着四辆全新的越野自行车！三个徒弟高兴极了，尤其是八戒，又扭腰，又摆手，竟然跳起了舞！

女王笑着说："快练习一下吧！"

三个徒弟就在草地上练习，可他们没骑过自行车，而唐僧会骑，就在一旁指导他们。三人越练越开心。因为骑上自行车，就像找到了飞的感觉，像

六、送经的任务

腾云驾雾一样！就这样，三人都快玩疯了，一眨眼的工夫，就到了晚饭时间。

吃晚饭时，悟空突然想到一个问题，就问女王："你刚才说，你写的书是《数学真经》第一册，那还有第二册、第三册吗？"

女王说："有啊！数学四大天王，除了我，还有圆周天王、欧拉天王和虚数天王，我们每人写了一本书，合起来就是一套《数学真经》。"

八戒说："每人写了一本？都是什么内容啊？"

"我的书主要讲学习数学的方法；欧拉天王呢，讲如何把实际问题变成数学问题；圆周天王的书，则是教人怎样解答数学问题；至于虚数天王，我好长时间没见到他了，不知道他写的是什么。"

悟空吓了一跳："这四册书都要送到人间？"

"是啊！计划是这样的：老君从我这里取得第一册书，再找到欧拉天王取第二册书，然后见圆周天王拿第三册书，最后找到虚数天王得到第四册书。把四册书凑齐后，再一起送到人间。因为只有四册书合在一起，才能发挥最大威力！"

听到这里，三个徒弟倒吸了一口凉气："好复杂！"他们本来以为只送一册书，现在成了四册，这任务，又艰难了许多！

八戒问："听说数学世界里也有不少神仙，他们都在哪儿呢？"

女王摇摇头，叹了一口气："不知道。但现在，只有哪吒、二郎神和你们才能进入人间，与人们面对面说话。我听说，老君拿到真经后，好像是去找二郎神了。"

三个徒弟你看看我，我看看你：怪不得要他们帮忙呢！

"我还有个好东西，是欧拉天王写书时做的笔记，送给你们吧，或许能有帮助。"女王一边说一边拿出一个笔记本，递给悟空。

悟空翻了翻，面露喜色："不错，我得好好看看！"话音未落，他已经把本子塞进怀中。

沙僧问："大师兄，上面写的什么啊？"

悟空支支吾吾地说："唔，这个嘛，就是……把实际问题变成数学问题。"

八戒说："也给我们看看嘛！你收得也太快了！"

悟空说："别急，我看完了就给你们看！"

看到三个徒弟抢着看笔记本，唐僧冲女王点了点头，二人四目相对，露出了神秘的微笑。

饭后，师徒四人在草地上搭起一顶大帐篷，准备休息。黄金女王和他们告别后，就消失在森林中。

七、抽出大象？

师徒四人送走女王后，一起回到帐篷里坐下。沙僧拿出《几何原本》，痛苦地说："这书也太难了，连最开始的三句话，我都没看懂！"

八戒和悟空听后，连忙凑上来，只见这本书的第一页上写着：

第一卷

定义

1. 点是没有部分的东西。

2. 线只有长度，没有宽度。

3. 线的两端是点。

……………

唐僧说："你们现在看这本书有点儿早，所以会觉得难。要不然别看了吧？"

沙僧却很坚定:"不行,超罗看了,我们也得看!"

八戒说:"不用怕他,超罗不是掉到山崖下面了吗?"

沙僧说:"他还有同伙呢!"

"沙师弟说得对,不看书,就完不成送经的任务!"悟空痛失金箍棒后,明白了一个道理:在数学世界,不能只靠蛮力,必须努力思考。

唐僧只好说:"好吧,悟净,那你来说,问题是什么?"

沙僧苦着脸:"我只有一个问题,就是……完全不懂!就说第一句吧,点是什么,怎么能是……没有部分的东西呢?"

唐僧笑了:"没有部分的意思就是它什么都不包含。什么都不包含就是什么都没有。什么都没有就意味着它既没有宽度和高度,也没有厚度。"

八戒说:"这怎么可能?我用笔在纸上点一下,即使这个点再小,要是凑近了看,它也有宽度,有厚度啊!"

唐僧说:"这就是数学,它来自真实的世界,又高于真实世界。"

悟空问:"高于?怎么个高法?"

唐僧说:"比如直线,在真实世界中,一张桌子

七、抽出大象?

的边，远看是一条直线，可是，如果你凑近了看，它一定会有弯曲。对吧？"

三个徒弟点点头，真的是这样：没有一条桌子边是绝对直的。

"可要是这么看，现实世界中的每条直线都不一样。既然不一样，研究桌子边得到的结论，就不能用在柜子边和椅子边上，研究这个桌子的结论，也不能用在其他桌子上。"悟空说道。

八戒说："嘿，要是这么弄，得把人活活累死！"

沙僧问："那就不凑近看，只离远了看？"

唐僧说："不是怎么看的问题，而是你们得想象，桌子边是一条没有任何弯曲的线，这就是几何里的直线。如果我们研究明白了几何里的直线，就能明白所有物品上的直线，无论它是哪张桌子的边，无论它是柜子还是椅子。"

悟空问："那如果有一张桌子特别特别长呢？"

唐僧笑了："就知道你会这么问！所以啊，你们想象的直线，不但绝对直，还可以无限延长。这样，无论桌子有多长，就都不怕了！"

悟空说："我明白了，高于的意思就是人要去想象。"

唐僧说："对，想象的方法是去掉不重要的因素，剩下的就是我们需要重点考虑的，这个过程就叫抽象。"

悟空说："桌子边最重要的特点是……直！即使它有很小的弯曲，也不考虑了，这就是抽象？"

唐僧高兴得直拍手："说得好！简单说，**找出事物重要的特点，就是抽象。**"

沙僧说："3小哥也说过，三个苹果三个梨，三个盘子三个碗，它们的数量都是3。这个3也是重要的特点，它也是抽象的结果？"

唐僧连连点头："对对对！抽象可是数学的第一步，你们一定要想明白。"

八戒突然说："抽象？师父，大象很大的，怎么

可能进入抽屉，也不容易抽出来啊！"他边说还边伸出胳膊，做抽拉的动作。

唐僧急了："等等！抽象的象，含义可不是大象，而是形象的象！形象，就是你们能用眼睛看到的、形式上的、表面的样子。悟能，你刚才又走神了吧？"

八戒不好意思地吸吸鼻子，这时沙僧又问："师父，为什么要抽象呢？"

唐僧说："我们再回到现实世界。如果问你，三只鸡加上两只鸡，是多少只鸡？你不必一只一只去数，因为你已经抽出了数，只要计算就能知道3+2=5，答案就是5只鸡。这样，无论是鸡鸭鹅，还是苹果梨，或是盘子碗，解决问题的方法都一样，得数也都一样。所以，你们自己说说，为什么要抽象？"

八戒说："为了省事！"

沙僧说："为了算得快！"

悟空说："为了更好地解决问题！"

唐僧笑得很开心："对了，这正是数学的力量！"

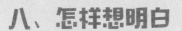

八、怎样想明白

沙僧拿起《几何原本》，指着第二句话说："我明白了，线只有长度没有宽度，也需要我们想象，也是抽象的结果！"唐僧点点头，表示同意。

八戒指着第三句话，问："线的两端是点，为什么要这么说？"

"第一句说点，第二句说线，第三句说的就是点和线的结合了！"悟空虽然不太明白第三句话的意思，但他就是这样，对关系特别敏感。

唐僧冲悟空竖起大拇指："说得好！第三句话说的其实也是人类的需要。比如，我们研究桌子边，把它抽象成直线，可直线是无限长的——折腾半天，我们还是不知道桌子的长度，你们说可笑不？"

沙僧皱起眉头："那怎么办呢？"

唐僧说:"所以,我们要在直线上放两个点,用这两个点来确定一段直线的长度。"

悟空说:"哈哈,明白了,桌子边的两个角就是直线上的两个点!"

唐僧点点头:"有了点,我们就能知道桌子的长度。其实,第三句话的意思是,直线上两个点和它们之间的部分叫线段。这句话很重要,一定要想明白!这两个点还有自己的名字,叫端点。"

八戒说:"师父,你总说想明白,那究竟怎样做才能想明白呢?"

唐僧说:"徒儿们,听好了。第一步,先想条件——要成为线段,必须满足什么条件?"

三人想了一会儿,沙僧说:"必须有一条直线。"

八戒说:"还要有两个点。"

悟空说:"这两个点必须都在直线上。"

唐僧点点头,问道:"非常好!你们已经把这句话分解开了,分成了三个条件,就是说,要成为线段,这三个条件缺一不可。现在开始第二步,再反过来想,如果不满足这些条件,会有什么结果?"

沙僧说:"如果两个点之间的线是弯曲的,就不是线段了。"

八戒说:"要是只有一个点,或者没点,也不是线段。"

悟空说："有了两个点，也有了一条直线，但如果这两个点不在同一条直线上，还不是线段。"

"假如你们是老师，要考考我这个学生，能画出一些看上去是线段，实际上却不是线段的图，让我犯迷糊吗？"

"看我的！"八戒抢过沙僧的本子，在上面画起来。第一个图上有两个点，但两点之间是一条曲线；第二个图上有一条直线，但只有一个点；第三个图上有一条直线和两个点，但一个点在直线的上方，另一个点在直线的下方。八戒画得起劲，接着画出了第四个图，上面有一条直线，直线上有三个点。

唐僧看到图，高兴得不得了，说："我还真有点迷糊了！前三个图不是线段，第四个图里有线段，可是，猪老师，这里到底有几条线段呢？"

八戒画的时候根本没细想，只好抬起头向悟空和沙僧眨眨眼，向他俩求援。

沙僧说："肯定不是一条，那就是……两条？"

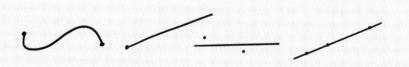

数学西游

悟空说："假如咱们仨就是这三个点，站成一排，能连出几条线？"

沙僧说："你和我，我和八戒，八戒和你。噢！老天，总共有三条！"

于是八戒板起脸，用尖尖的嗓音说："小唐同学，记住了，这里有三条线段！以后要认真思考，一定要想明白！"还没说完，其他人已忍不住哈哈大笑起来。

笑够了，唐僧说："数学世界里，每一个术语，都会有一句话来解释。这句话很重要，你们必须主动思考，把这句话想明白，要不然，就等着吃亏吧！"

悟空说："放心吧，师父！第一步，要先想条件，就是把一句话分解成几个条件，分别列出来。"

沙僧说："第二步，反过来想，就是不满足这些条件会怎样！"

唐僧说："嗯，你们要是会这样思考，我就放心了，送经也就有希望了！"

八戒却小声嘟囔："能听明白就得了呗……每句都要想明白，真累！"

没承想，这话却被唐僧听见了："悟能，听明白和想明白完全不同，差十万八千里呢！你从现在做起，养成习惯，就不会累了！"

八戒连忙跑到唐僧身后，给他捶起肩来："好吧好吧，老师父，我好好想，一定想明白！"

悟空说："再不听师父的话，就罚你拿大顶！"

沙僧嘿嘿笑道："我看行！"

九、天文与数学

悟空看唐僧有点儿生气，就问："师父，黄金女王说数学能预测未来，还说这样的故事有很多。给我们讲讲呗？"

"好，那我讲个故事！"唐僧又来了兴致，"话说在太阳系中，那些围着太阳旋转的星球叫行星。地球是行星之一。除了地球，人类通过观察，还发现了5颗行星，分别是金星、木星、水星、火星、土星。"

沙僧问："5+1=6，就是说，太阳系中有6颗行星？"

"不是，还有呢！1781年，英国天文学家赫歇尔用自制望远镜观察到了天王星。之后天文学家反复观测，确定了天王星就是太阳系中的第7颗行星。

因为它离地球远，只能用望远镜看到，所以找它挺费劲。"

悟空问："这是第7颗，还有吗？"

"听我讲啊！人类发现了天王星之后，观察到这颗行星很奇怪。它绕着太阳旋转的速度一会儿快，一会儿慢，位置总是和人类计算的不一样。这是为什么呢？难道人类算错了？"

八戒说："我知道，这是妖怪在捣乱！"

悟空说："哪个妖怪能有这么大本事！"

唐僧没理二人，继续讲道："就在人们百思不得其解时，更懂数学的天文学家悄悄登场了！年轻的法国天文学家勒威耶研究了天王星的运行轨迹，他认为天王星之所以怪异，因为它旁边还有一颗人类不知道的星星。他算啊算啊，就算出了这颗星的运行轨道！"

沙僧皱起眉："那怎么验证他算得没错呢？"

唐僧说："勒威耶把计算结果通知了柏林天文台。于是，在1846年9月23日晚，柏林天文台把望远镜对准夜空，按照勒威耶给的位置，顺利找到了这颗星，这就是海王星。"

悟空挠挠头："老孙我是真服了，看星星竟然也能用到数学！"

唐僧说："海王星是太阳系的第8颗行星，也是人类运用数学方法发现的第一颗行星。在此之前，人类的方法都是观测。"

八戒瞪大了眼睛："哎呀妈呀，这数学就是人类的第三只眼！比猴哥你的火眼金睛还厉害！"

悟空不服气："等我成为数学大神，也会有这只眼！"

沙僧说："这么说来，数学家比天文学家更聪明？"

"不不不，不是这样的，"唐僧不紧不慢地说，"过去很多数学家就是天文学家，天文学家也是数学家。因为那时最重要的事，就是农民得知道什么时候该耕种，什么时候该收割。错过了时间，庄稼就长不好。这就得制定历法。制定历法的虽然是天文学家，但他们除了观测天象，还要用到数学方法。"

悟空问："什么数学方法呢？数数，分类，还是画图？"

唐僧说："都不是，是一种你们没听过的新方法，注意听啊！中国的古人在大约三千年前，就想出了一个好办法，在土台上立下一根杆子，只要测量它的影子，即日影的长度，就能知道春夏秋冬从哪一天开始。”

沙僧说："这怎么能知道呢？"

唐僧说："每天正午，太阳在正上方，此时日影最短。每天测量日影的长度，再比较一年之中哪天最长、哪天最短就行了！"

"哈，明白了！日影最短那天是夏至，日影最长那天是冬至，对吗？"悟空平时喜欢观察，熟悉影子的长短和时间。

唐僧说："对！"

八戒和沙僧一齐喊道："这主意太妙了！"

悟空却不以为然："这很容易嘛！我也能想出来！"

唐僧说："好主意一旦说出来，当然会觉得容易。要是让你来看这根杆子，只怕你测量几天，就没了耐心！"

悟空挠挠头，心想这话说得也对，这时，沙僧又问："师父，中国人又是怎么知道春天和秋天的呢？"

"那就简单啦，把夏至和冬至的日影长度相加，得数的一半，又是两个节气的日影的长度。一年当中有两天的日影是这个长度，这两天就叫春分和秋分。春分后该播种，秋分后该收割。我就问你们，

这办法牛不牛？"此时的唐僧已是眉飞色舞。

　　三个徒弟开始还没理解，等想明白时，个个手舞足蹈，赞叹不已：太牛了，太牛了！比牛魔王还牛！

十、比较的功力

等三人安静下来，唐僧接着说："中国古人很聪明，他们从一根杆子中还发现了更多秘密，因为内容有些难，我以后再讲。"

悟空还是急性子："师父，现在就讲吧！"

唐僧说："现在还有更重要的任务，来来来，你们三个想一想，这么好的主意，中国古人是怎样想到的？"

三个徒弟一齐说："每天都测量，勤快啊！"

唐僧摇摇头："勤快没错，但如果只是测量日影，能发现哪天的最长，哪天的最短吗？"

三人想了一会儿，悟空说："是要比一比吗？"

唐僧说："对！比一比就是比较，比较看似简单，却和分类一样，是一种重要的思考方法。要想产生

数学西游

好主意，比较方法不可少！"

一听这话，悟空来了劲头："怎样才能练好比较？"

唐僧说："在人间，小孩子都喜欢玩一种游戏，叫找不同，就是在两幅相似的图中找出不一样的地方，这样就得观察和比较，既练眼睛又练脑。"

八戒问："可我们没有图，怎么练？"

唐僧想了想："我来教你们测量吧！"

悟空不明白："师父，你在讲比较的方法，怎么突然之间跑到测量上去了？"

唐僧说："这也是个好问题。你们想一想，比较和测量有什么关系？"

三个徒弟想了半天，也没想明白。最后唐僧说："徒儿们，这测量其实就是比较啊！"

悟空恍然大悟，连连拍手："对啊，比较物品和尺子的长度就是测量！"

这么一说，八戒和沙僧也懂了，明白了其中的道理，三人就积极多了，专心听唐僧讲：什么是厘米，什么是米，怎样测量。

最后，唐僧说："测量不但能锻炼眼睛和大脑，还能锻炼手，手要稳，才能对齐刻度线。好了，你们都拿出自己的尺子，做做练习吧，我要睡觉了，晚安！"

原来，一百镇的居民为了感谢师徒四人，送给他们很多东西。除了他们睡的大帐篷，还有睡袋、背包、本子、笔和尺子等。

唐僧刚躺下，突然想到，不能让他们就这么玩。于是又坐起来说："现在，你们得完成两个任务。第一，量出这个帐篷的长、宽和高；第二，再给你们一把尺子，用这把尺子，画出10以内不同长度的线段，越多越好。"说完递给悟空一把尺子，就又躺下睡了。

师父这样子，徒弟们早习惯了，他们都知道这是唐僧故意的，是让他们自己解决问题。他们也知道，只有这样，才能以最快的速度提高能力。于是，三人都拿出尺子，先量本子、量背包，练好了，就出去量帐篷。

可他们遇到一个问题：尺子太短，只有20厘米，而帐篷太长。沙僧跪在地上，拿着小尺子，一小段一小段地量，半天也没量完，还不准。

悟空想了想，跑到远处，捡回一根树枝。他用20厘米长的尺子在树枝上连续量了三段，再把多余的部分掰掉。这样，这根树枝的长度正好就是60厘米。用这根树枝做尺子，量起来又快又准，很快就完成了任务。

接着，三人拿出唐僧给的尺子，准备完成第二个任务。这时他们才发现：这把尺子比常见的尺子短一些，而且太破旧了，上面只有0、1、4、6四条刻度线，其余的都被磨掉了。

悟空说："等等，今天师父问过，一条直线上3个点之间有几条线段来着？"

八戒说："3条呀，怎么了？"

悟空又说："不知为什么，看到它，我就想到了那个问题。"

沙僧说："这两个题目是很像，只是这上面有4个点，多了1个点。"

悟空说："那还是老办法，一个一个地数，只要不重复、不遗漏，就不会错！"

八戒和沙僧说："好，就这么干！"

于是，八戒画线段，悟空和沙僧在旁边检查提醒。先从0开始，0到1、0到4和0到6，有3条线段，再从1开始，1到4和1到6，有2条线段，最后从4开始，4到6，只有一条线段，就这样，一共画出6条线段。

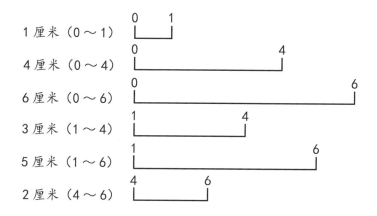

画完后，三人又检查一遍，确定这些线段的长度都不一样后，才放下心来。此时已是深夜时分，三人把答案悄悄放在唐僧身边，就抓紧时间睡了。

十一、灵魂的拷问

第二天清晨，唐僧一起来就看到了答案。他一检查，都对了，很是高兴。等三个徒弟起床后，就表扬了他们，三人更加来劲，快速收起帐篷，把一切都收拾好，准备出发。

这时再看周围，他们惊讶地发现，这里的景色太美了：树林被白色的雾气笼罩着，若隐若现。清凉的空气中弥漫着泥土、花与草木混合的芳香。

悟空深吸了两口气，动情地说："这气味太香了，和花果山一样！"

八戒眨了眨眼："对了，五色实验室那么大，黄金女王一个人管理太累了，可别累坏了啊，要不……我干脆就留在这里，给她帮忙吧！"

另外三人一起说："别做梦了，赶紧走！"

他们照女王昨天说的，走上森林中的小路。小路很陡峭，又弯弯曲曲的，而且铺满了厚厚的松针，骑自行车从上往下走，稍不留神就会摔倒。好在越野自行车的车胎厚，刹车灵，几小时后，师徒四人就顺利地下了山，走上了大路。

在大路上，四人排成一条直线，骑得飞快，他们又找到了飞翔的感觉！正当他们感觉超爽时，却发现前方路中间横着两个六角凉亭，一左一右连在一起。要想过去，必须通过亭子。在右侧亭子中间的正上方挂着一块木牌，上有四个绿色的大字——灵魂一百。

三个徒弟很纳闷：这是什么？有危险吗？他们停下来问师父。唐僧说："这是考察你们是否真的喜欢数学。如果不喜欢，就不能通过。"

"啊！怎么还会有这种关卡？"八戒很吃惊。

唐僧淡淡地说："没数帮的人虽然会计算、会推理，但内心还是不喜欢数学。"

悟空说："原来数学世界里的关卡都是为了提防没数帮啊！"

唐僧说："那是，如果他们到处乱窜，危害就更大了！"

八戒却有些慌："师父，师父，我会不会……也被当成没数帮啊？"

唐僧笑呵呵地说："不会！无论是数学世界中守法的居民，还是来数学世界的游客，内心都会喜欢一些数，里面的机器能识别出来。你们只要实话实说，再把喜欢的原因说出来，就能过关。"

"这简直是对灵魂的拷问！"八戒摇摇头，无奈地叹息道。

沙僧指着木牌问："师父，这'一百'俩字是什么意思？"

唐僧说："这里的机器只会识别出你们内心喜欢的、小于100的数。好了，咱们进去吧。注意！亭子虽然没有门，但绝对不可硬闯，只有它让你通过，才可以走。"

四人来到小亭子前，悟空对自己很有信心，就推着车第一个走进亭子。

亭子里空空荡荡的，只挂了一面镜子，镜子上有个灯。悟空进来后，这灯就闪起蓝光，那个熟悉的声音又响起："请看镜子，盯着镜子中你的双眼，坚持10秒钟，10、9、8……3、2、1，好，谢谢支持！"

悟空照做了，那声音说："你最喜欢的数是72，为什么？"

"嘿，对了，我就是喜欢72！"悟空说，"为什么？因为我会72变呀！"

话音刚落，红光闪烁，嘀嘀声响起："请通过，谢谢你喜欢数学，祝旅途愉快！"

接下来，沙僧走进小亭子。机器发现，他最喜欢的数是81。沙僧说，他最怀念西天取经的日子，虽然经历了九九八十一难，但每一天都过得很充实。于是，沙僧也通过了亭子。

轮到八戒了，他喜欢哪个数呢？机器发现，竟然是100！为什么呢？八戒支吾了半天才说："钱……当然越多越好，钱多，就能多吃点儿，就不会饿了！"就这样，八戒也走了过去。

唐僧最后走进小亭子。他看完镜子后，过了好半天，那声音才响起："你最喜欢的数比0大，比1小，是黄金分割数，为什么？"

　　三个徒弟听到这个答案很好奇，比0大比1小的黄金分割数到底多大呢？

　　唐僧回答说："因为黄金分割数能带给人美感，爱美之心，人皆有之！"就这样，唐僧顺利通过亭子。

　　好奇的沙僧跑向前问："师父，这黄金分割数，到底是几呀？"

　　八戒则拍马屁，说："师父，我跟你一样，也喜欢黄金分割数！"

　　悟空调皮地笑："前边还有亭子吗？再来一个怎么样？"

十二、更快的秘诀

唐僧不理三个徒弟，三人觉得没趣，只好自己找乐子。他们互相追逐，看谁骑得快。结果沙僧第一，八戒第二。悟空就惨了，他个子矮，只能够踮着脚蹬，骑不快。

悟空眼珠一转，计上心来。他拼命快蹬，骑到八戒身旁，大声喊："想当第一吗？"

八戒想都没想："这还用问！"

"当第一有秘诀，把左手和右手换过来，就能骑得更快！"悟空又喊。

八戒一听：嘿，太好了，竟然有秘诀！他也不想想，如果真有秘诀，为什么悟空不用呢？更不想想，交换左右手安全吗？当然，他这样一点儿都不奇怪。这么多年来，八戒做事的习惯就是一切靠感觉，全

跟感觉走。

于是，八戒两手同时松开，想用左手握右边的车把，用右手握左边的车把。可他万万没想到，刹那间，车子就失去控制，歪向一边倒了，八戒也重重地摔到了路面上！

悟空哈哈大笑，趁机骑车超过八戒，这还不算完，又回头做了个鬼脸。可他万万没想到，就在前方的路面上，横着一块大石头，他的自行车，不偏不倚地撞上了它！

好在悟空身体灵活，顺势从车上蹦下来，稳稳落在地上。人没受伤，自行车却倒了霉，只听咣当

一声，车子飞向天空，接着重重地摔在地上。结果，前轮严重变形，一半歪向这边，另一半歪向那边，就像拧麻花一样！这辆自行车，是没法骑了。

怎么办？修呗！怎么修？悟空把自行车放平，握住前轮翘起的一半，使劲往下一按，这一半平了，可是，另一半又翘了起来！整个车轮还像麻花一样，这真是按下葫芦起来瓢！

八戒坐在地上，捂着摔肿的脸，不停地说："再让你害人，害了自己吧！活该！现世报！臭猴子，再不理你了！"

沙僧说："我来找找看有没有修车的工具。"说完，他就翻起三人的背包。翻了半天，也没找到工具，却在悟空的包里发现了一个小袋子，上面写着"加减法竖式计算"。沙僧问："大师兄，这是什么？"

悟空看了看："这是临走时女工送我的，说我们在一百镇没来得及去体验馆和练功房，用这个给我们补补课，我还没来得及看呢。"

沙僧指着下面的一行小字念道："去九九市必看。"抬头说："大师兄，咱们还是先看看吧！"

悟空说："我哪有心思看它，你也别看了，快来帮我修车！"

可沙僧觉得没有工具，就没法修车。他没理悟空，

打开了袋子。袋子里有个小册子，上面写着如何通过列竖式来计算一百以内的加减法。

最后一页有几行字：

注意

1. 对齐数位：列竖式时，要个位对齐个位，十位对齐十位。

2. 牢记含义：十位上数字的含义是几十，所以才会有进位和退位。

3. 及时标记：进位和退位必须用笔标出来，要不然就忘了！

沙僧越看越入迷，干脆坐在路边，按照小册子的提示，拿出纸笔做起练习来。等练得差不多了，再抬头看，惊讶地发现：悟空已经修好了自行车！

他是怎么修的呢？

原来，悟空想：要想按下葫芦还要瓢不起来，就得同时按住瓢。于是他央求八戒，求他坐在前车轮上。八戒当然不同意，他还憋着一肚子气呢！

悟空好说歹说，加上咣咣地拍胸脯做保证，还有手指天地发誓，终于和八戒说好：一个月内，悟空的全能望远镜，八戒随便玩；一年内，悟空不对八戒说谎、不戏弄八戒。八戒这才同意帮忙修车。

于是，悟空握住车轮翘起的一半，八戒坐在另一半上，悟空使劲向下一压，嘿！车轮真的平了！不过，即使平了，自行车也只是勉强能骑，性能差了很多。

这时天色已晚，三个徒弟突然想起师父：师父去哪里了？怎么还没跟上来呢？于是，三人又骑上自行车，回头去找师父。

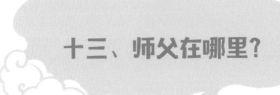

十三、师父在哪里？

　　三个徒弟为了寻找唐僧，骑车往回走，这时他们才注意到周围的景色：这里的草低矮平整、颜色丰富，浅绿色、嫩黄色、蛋青色，一块块排在一起，组成了大片草地。草地上偶尔会有一两棵大树点缀其中。

　　突然，悟空注意到：前面的一棵大树上挂着一顶蓝色的鸭舌帽。这帽子是唐僧在一百镇买的，他一看就知道，于是大喊："在那里！"

三人停下来，悟空最先下车向那棵树跑去。本以为师父藏在树后，可他找了半天也没看见唐僧！于是悟空爬上树，摘下帽子，见帽子里有一张纸条，上面写着一个加法竖式、一个减法竖式：

$$
\begin{array}{r}
6\ 人 \\
+\ 在\ 4 \\
\hline
9\ 2
\end{array}
\qquad
\begin{array}{r}
这\ 8 \\
-\ 4\ 里 \\
\hline
2\ 9
\end{array}
$$

悟空心里一沉，很明显，师父是被坏人劫走了，而坏人，十有八九是超罗！原因很简单：只有超罗在干坏事时喜欢留下线索，这样虽然可能失败，但他就是喜欢用这种方式来挑战数学世界。

可问题是：超罗不是已经掉下山崖了吗？难道真如沙僧所说，他没有被摔死？

三人在树的周围仔细搜寻了一遍。可除了帽子和纸条，什么都没找到。他们只好坐下来，认真研究这张纸条。八戒说："这是什么？人在这里？在哪里啊？"

悟空说："这应该是密码，每个字代表一个数字，我们得把它们破译出来！"

沙僧小声说："黄金女王说得真对，去九九市必看！"

悟空和八戒一齐问："你在说什么？"

沙僧说："这是加减法竖式，用这种竖式计算加减法，能让计算简便些。这不，我刚从这小册子里学的！"说着，他拿出了刚才的小册子。

悟空和八戒连忙翻看，沙僧说："你俩先看着，我来破译！"

"别！不要动，等我俩学会了，咱们一起！"悟空拦住沙僧，又看看天色："看来，我们今晚得在这里露营了，沙和尚，搭帐篷的事就交给你了！"

等沙僧搭好帐篷，悟空和八戒也看完了小册子。三人一起凑到那张纸条前，开始研究那两个竖式。

悟空指着第一个竖式说："一个数加4反而得2，这怎么可能？"

八戒吸吸鼻子："看来……我一钉耙打下去，把超罗的脑子打坏了！"

沙僧却说："嘿嘿，难道你们忘了，8+4等于12？"

八戒说："12？这里是有2，可是前面的1去哪儿了？"

沙僧说："在十位上啊！如果你数数，数到了10，就得在十位上加1，这不正是十进制记数法的规则吗？"

悟空和八戒恍然大悟："原来如此！这也是进位吧?

"对呀！你们看，这里说得很清楚，"沙僧拿出小册子，翻到最后一页，指着第二条念道："牢记含义——十位上数字的含义是几十，所以才会有进位和退位。"

八戒说："那'人'字就应该是8。"

悟空想了想，说："6加3等于9，但因为有了进位1，所以6加'在'字的和应该是8。"

$$
\begin{array}{r}
6\ 人 \\
+\ 在\ 4 \\
\hline
9\ 2
\end{array}
\qquad
\begin{array}{r}
6\ 8 \\
+\ 2\ 4 \\
\hline
9\ 2
\end{array}
$$

沙僧说："'在'字就是2了！"

三人解决了第一个竖式，接着研究第二个竖式。

八戒问："8减什么数得9?"

悟空说："你问错了，应该是18减9得9！"

沙僧说："18里的10,是从十位的'这'字借来的，这就是借位，也叫退位。"

八戒说："那'里'字就是9,就差'这'字了！"

$$
\begin{array}{r}
这\ 8 \\
-\ 4\ 里 \\
\hline
2\ 9
\end{array}
\qquad
\begin{array}{r}
7\ 8 \\
-\ 4\ 9 \\
\hline
2\ 9
\end{array}
$$

十三、师父在哪里?

悟空说："6 减 4 等于 2，被借走了 1，就得在 6 上再加 1，'这'字应该是 7！"

最后，三人得出的结论是：人在这里就是 8279。他们又验算一遍，结果无误，才放下心来。

可是，8279 的含义是什么呢？他们想不出来，只能等到九九市再说了。

沙僧说："怎么又是推理，数学世界里，处处都要推理！"

悟空说："我发现，得有足够的数学知识才能推出结论，比如刚才，要是不知道进位，那累死也想不出什么数加 4 等于 2！"

八戒说："我发现，推理很费脑子，你俩好好干，我就省事了！"

沙僧和悟空一齐说："就要动脑子，这样才好玩呢！"

十四、你能想到什么？

三人吃过饭后，天色已黑，帐篷里没有灯，悟空和沙僧早早就睡了，八戒却拿起全能望远镜，悄悄看起人间的热闹。

半夜，悟空醒了，迷迷糊糊中，感觉不太对劲：这风怎么有点儿大？

悟空伸手往旁边摸索，正好摸到八戒，就伸手拍他。八戒睡得很香，好半天才醒："这大半夜的，什么事啊？"

悟空问："你睁开眼看看，看到了什么？"

说了三次，八戒才不情愿地睁开一只眼看了看说："星星呗……"

悟空又问："那你能想到什么？"

"这星星比人间的大，还亮……"

"还想到了什么？"

"嫦娥妹妹……"说完，他打个哈欠，翻了个身。

悟空跳起来踢了八戒一脚："真是不知道怎么说你好！看到了星星，只能说明帐篷被偷了！被偷了！多简单的推理，你就是不动脑子，不动脑子！"等悟空说完，沙僧也醒了。

三人清醒后，第一件事就是找自行车。自行车原来放在帐篷外。现在，悟空和沙僧的车还在，因为他俩锁了车；八戒的车没了，因为他没锁车！

八戒哭出了声："老天爷，不公平啊！偷车也应该偷那猴子的车，就他最讨厌！"

第二件事是检查背包。还好，背包就在身边，所以没被偷。可三人的心情还是糟糕透了,师父被劫,他们还能凑合接受,因为西天取经时,师父经常被妖怪捉走,早就习惯了。可帐篷丢了,这事损失不大,侮辱性却极强:那么大一顶帐篷,里面还有人,都能被端走,要么说明小偷本事大,要么说明这三人太笨了!

悟空挠挠头:"我就不明白,他们为什么要偷帐篷?"

沙僧说:"我也不明白,而且更奇怪的是咱们回来时,路上没见到一个人、一辆车!"

八戒说:"对呀!只有这一条路,再往回走,就到黄金女王家了!"

三人又想了半天,悟空拍拍脑门:"我明白了,他们捉了师父后并没走远,而是就藏在附近。"

"然后呢?"八戒问。

悟空说:"他们没走远,应该是为了偷自行车。得手后,看咱们睡得香,就顺手牵羊,又偷走了帐篷。"

八戒和沙僧都点头同意,八戒又问:"他们为什么要偷自行车呢?"

沙僧想了一会儿,才说:"师父本有一辆车,他们还要再偷一辆,这说明小偷至少有两人。他们也要骑车去九九市。"

此时，天已蒙蒙亮了。他们决定尽快赶到九九市，到那后就能寻找师父了。于是，悟空和沙僧骑上车，但自行车没有后座，八戒又太胖，只能跟着自行车跑。这可把他累坏了。没办法，谁让他粗心大意没锁好车呢？八戒却不这么想，他越跑越累，越累越气，不由得仰天大喊："超罗，等我一百钉耙！"

就这样，走了大半天，中午时分，他们到达了九九市。九九市很繁华，这里人多，车多，马路宽，店面多，有大都市的气派。

三人找到一家小旅店，住下后，简单吃口饭，就开始找师父。但他们唯一的线索就是那四个数字：8、2、7、9。它是什么意思呢？

悟空跑到旅店前台问："老板，九九市有82号大街或82号路吗？"

老板肯定地说："没有！这里的大街和路的编号，个位数不是0就是5，比如这里就是85号大街，旁边的是80号和90号大街，还有75号和80号路。"

悟空蒙了，超罗以前写的四个数字，前面两位代表街道，后面两位代表门牌号，这次却不是！那是什么呢？他只好问："老板，我想找个人，他只告诉了我4个数字，你能帮我看看吗？"

老板爽快地说："好哇，你说吧，什么数字？"

悟空说:"8、2、7、9。"

老板想了想:"这……可能是电话号码的后4位,也可能是邮政编码,或者是信箱号码,你去问问电话局和邮局吧。对了,这里有电话本,门口就有公用电话,出门右拐就是了。"

悟空拿起电话本看了半天,有了主意。这九九市的电话号码是6位数,前面两位数只有99、88和66三类,如果8279是电话号码,那他只要拨打三个电话号码——998279、888279和668279,就能知道结果!于是,他兴冲冲地走出门,去找公用电话。

十五、只为算得快

　　前两个号码都很正常，接通电话后，那边的人会爽快地问："你找谁？"得知悟空要找唐僧后，也会干脆地回答："对不起，没有这个人。"于是，悟空拨通了第三个号码，话筒中传来一个声音，很低沉："你找谁？"

　　"我找唐三藏，唐僧！"

　　话筒那边沉默了一小会儿："你是谁？"

　　悟空心中一动：这电话对了！就赶紧说："我是孙悟空！你是超罗吗？"

　　"想找你师父？没错，人在这里！咱们谈谈条件吧！"

　　"别伤害他，有本事就冲我来！"悟空还不太适应这样的谈话。原来面对妖怪时，他总是举棒就打，不需要讲道理、谈条件。可如今形势变了，神通没了，金箍棒也没了，他必须学会智斗，耐心、巧妙地与敌人周旋。

"冲你来？你行吗？你们仨绑在一起也别想赢，不服气？那我提醒你一下，想想大帐篷是怎么丢的，哈哈哈！"

"你就吹牛吧！说，怎样才能放了我师父？"

"条件很简单，咱们比试一下一百以内的加减法，看谁算得快。你赢了，我就放了唐僧；你输了，就把书还给我。怎么样，敢吗？"

"书？什么书？"

"《几何原本》！那是我的宝贝，必须给我！"

"好！比就比，谁怕谁！什么时候，在哪里？"

"明天上午等我通知。"那边说完就把电话挂了。

悟空回到房间，把刚才发生的事讲给八戒和沙僧。沙僧说："比谁算得快？那得好好准备。要不然，不但救不了师父，还得搭上这宝贝书！"

八戒说："还比什么呀，要我说，明天只要见到超罗，二话不说，就拿钉耙招呼他！"

"既然敢和我们见面，他一定有防备，再说了，师父还在他们手里呢。所以，我们不能轻易动粗，还得认真准备。沙和尚，你找些题目，咱们练练！"

悟空很清楚，在数学世界中，拼的是智力，超罗费尽心机，只为一本书，更证明了这点。

沙僧说："前些日子，我想练心算，和师父说了，师父就给了我几道题。正好可以做练习。"说着，他拿出一张列着算式的纸。

（1）39+44+6=

（2）11+33+19+7=

（3）87−39−27=

（4）64−25−35=

八戒只扫了一眼，就一口气地说："第一题得20，第二题得32，第三题得8，第四题得16，完了，快不快？"

沙僧被惊得目瞪口呆："这么快？二师兄，你是怎么做到的？"

还是悟空脑子清醒："别听他的，他说的得数全是错的！第一题的第一个数就是39，3个数连加，怎么会等于20？"

八戒翻了个白眼："不是就比谁更快吗？"

"比快也得算对呀！"沙僧有些生气。悟空更生气："再捣乱，就旁边待着去！"

于是八戒假装委屈，躺倒在床上，其实这正是他的目的：懒病又犯了，就找个借口歇着。悟空和沙僧趴在桌子上，认真研究题目。很明显，这几道题，如果用竖式算，准确率高一些，可那样有些慢，怎样才能更快呢？

第一题是计算 39+44+6，悟空看了一会儿，指着题说："39 加 44 不好算，可 44 加 6 容易算，咱们就先算容易算的，怎么样？"

沙僧想了想，点头说道："对！44 加 6 等于 50，这样，50 加 39 也容易算了，就等于 89！"

第二题是计算 11+33+19+7，沙僧一边看题一边说："11 加 33 倒是好算，是 44。可是接下来，44 加 19 不好算，19 加 7、44 加 7 都不好算。"

二人想了半天，悟空一拍脑门："凑十功啊！九爷爷教的基本功，我都快给忘了！你看，11 加 19 容易算，等于 30；33 加 7 也容易算，等于 40；再用 30 加 40，就等于 70！"

沙僧直拍大腿："噢！老天，这么算容易多了！"

悟空笑着拍手："窍门就是改变顺序！哪两个数能凑成 10，就先算哪两个！"

"改变运算顺序是加法的交换律，还有，不是凑成 10，而是凑成个位数是 0 的数。"沙僧补充道。

"好好好，你说得对，我本来也是这个意思，继续吧！"悟空兴奋地说。

数学西游

第三题是计算87-39-27，沙僧知道了窍门，就来了劲头："先算87减27，差是60，再减39！"

悟空问："得几？"

沙僧说："60减39，这个有点儿难，我得列竖式。"

悟空挠挠头："列竖式就慢了，有没有窍门啊？咱们再想想！"

于是，二人继续苦思冥想，只为算得更快！

十六、数学家咖啡馆

沙僧说："师父说过，要想心算快，就离不开九爷爷教的两个基本功——一个是拆数功，一个是凑十功。"

悟空说："刚才用了凑十功，拆数功……怎么拆呢？"

悟空看着题目，突然一拍脑袋："有了！要算60减39，先把60拆成59加1，用59减39，得20，再加1，就等于21，怎么样？"

沙僧说："好啊！不过我还有个办法。"

"说来听听！"悟空说。

"要算60减39，先把39凑成40。60减40得20。本来应该减39，现在多减了1，就得补回来，把20再加1，就是21。"

悟空看了一会儿："这个方法也行，就是有点儿绕，把39凑成40，等于加了1，我还以为得数要减1呢。"

沙僧说："嗯，还是你的方法好，那就拆数。"

悟空说："看来，算得快的窍门就是八个字——改变顺序，连凑带拆！"

"改变顺序，连凑带拆……"沙僧念叨了好几遍，一拍大腿，"对呀！就是这么回事，大师兄你真棒，总是最先找到窍门！"

"这是咱俩的成果，小意思，继续！"悟空指着第四题说。第四题是64-25-35=？

"这个我知道！"沙僧急急地说："先把64变成65-1，65减25等于40，40减35等于5，5再减1等于4，噢！老天，这也太快了！"知道了窍门，沙僧简直如有神助，算得特别快。

"太棒了！"二人很高兴，击掌庆祝。然后互相出题目，继续练习，比速度、说方法，直到非常熟练为止。

这时已是深夜，八戒睡得正香，鼾声如雷。也难怪，他跑了一上午，是真的累了。于是悟空和沙僧简单收拾一下，也睡下了。

第二天上午，三人正在房间等候，突然有人敲门。

悟空开门一看，是旅店老板。老板笑着说："有人让我给你们一个纸条。"

悟空连忙拿来，见上面写着：

上午10点，65号大街，数学家咖啡馆见。

八戒说："赶紧走，救师父去！"

悟空拦住他说："等等！我昨天打电话时，没告诉他地址啊，纸条怎么会送到这里呢？"

沙僧想了想："你给他打电话，他就能知道你的电话号码，再根据号码，就找到了这里？"

三人都觉得沙僧说得对。想到超罗太狡猾，有可能趁他们出门时到房间里偷东西，他们就带上了所有行李。悟空气定神闲，不紧不慢地骑着车。沙僧边骑车边念叨："改变顺序，连凑带拆，改变顺序，连凑带拆……"八戒则跟在自行车后面，连跑带颠。

才九点半，他们就到了数学家咖啡馆。咖啡馆的牌子上有一行小字：数学家是把咖啡变成数学公式的机器。三人不明白什么是数学公式，但明白一点——机器不是人，于是一齐笑道："哈哈哈，数学家是机器！"

咖啡馆挺小，只有8张桌子，三人走到最里面，找个桌子坐下。坐这里背靠着墙，不用担心有人从背后攻击，还能看到门口，以及沿街两扇窗户外的

动静。八戒戴上了神奇墨镜，以便看到更多情况。

10点，一个男子走进咖啡馆。他穿黑衣，戴黑帽，不高不矮，身材匀称，皮肤白净，面孔清秀，鼻梁上架着一副金丝边眼镜，显得文质彬彬。可他的双手却一直插在裤兜里，透露出一丝无礼与傲慢。

男子径直走到三个徒弟面前："嗨，你们好，书带来了吗？"

不用问，这人肯定是超罗。沙僧拿出《几何原本》晃了晃，又塞回背包。悟空问："我师父呢？"

超罗笑了，走到窗户旁，拍拍窗玻璃。窗外慢慢浮出一张人脸，正是唐僧！唐僧看见三个徒弟，连忙挤眉弄眼，表情焦急，好像要表达什么。可转眼间，他又消失了！看来窗外有超罗的同伙在控制着唐僧。

"看到了吧，人完好无损。不过，我还是要提个醒:人,还在我手里呢,所以君子动口不动手,明白？"超罗边说边用眼角看八戒,看来他是被八戒的钉耙打怕了。

悟空说:"别啰唆,比赛吧！"

"好！"超罗从裤兜里抽出一个信封,"这里有两张一样的试卷,我做一张,你们做一张。别担心不公平,题目是你们的师父出的,他写好后直接就放进信封并封上了口,我也没看过。怎么样,敢比吗？"

十六、数学家咖啡馆

十七、开始比赛

　　"少废话，快开信封！"悟空着急比赛，催超罗打开信封。超罗却没有动，而是说："好，同意比赛，这是你们亲口说的，男子汉大丈夫，说话要算话！"

　　三人已经急不可耐，一齐说道："一言既出，驷马难追！"

　　超罗坐下来，打开信封。先拿出一张大一点儿的纸，放在自己面前，又拿出3张小点儿的纸，放在悟空他们面前。

　　三人都很奇怪，悟空问："怎么我们的是3张？"

　　超罗指着他面前的大纸说："这是我的卷子，上面有9道题。你们每人一张卷子，每张上有3道题，也是9道题。咱们的题目都是一样的，绝对公平。"

　　三人你看看我，我看看你，心情很沮丧：要是每人都参赛，十有八九得输，因为八戒根本没做过练习！可话已说到这里，真的是不好反悔了。

"你们每人做 3 道题，但不能同时做，必须一个人做完后，把卷子放回来，下一个人才能开始做。咱们先比对错，再比快慢。只要算错了，再快也是输；如果都对了，谁快谁赢。"超罗说完，脸上露出了狡猾的笑容。

八戒傻眼了，万万没想到，自己会拖大家的后腿。他心里憋着气，双手摁住桌面，瞪大双眼，却无话可说。沙僧张了张嘴，还没出声呢，悟空就咬咬牙，一梗脖子，恨恨地说道："开始吧！"悟空这么说，在所有人的意料之中，因为他就是好面子，而超罗恰恰是利用了这一点。

现在，三人要赢，只能靠悟空和沙僧，二人先以最快速度算完，好留出时间给八戒；八戒会列竖式计算，只要他算得对，就还有希望。三人互相使个眼色，做好准备。

"开始！"随着超罗一声喊，双方忙了起来。超罗很自信，不慌不忙地算着。三个徒弟这边，沙僧最先算，他一看卷子，就暗暗高兴。因为三道题都是加法，只要改变顺序，先找到个位上能凑成 10 的数计算，就容易多了！

数学西游

照这个思路，沙僧如砍瓜切菜一般算出前三道题。

第一题，52+13+27，13 和 27 的个位数 3 和 7 能凑成 10，那就先算 13+27=40，再算 40+52=92。

第二题，16+29+24+11，16 和 24 的个位数 6 和 4、29 和 11 的个位数 9 和 1 能分别凑成 10，就先算 16+24=40，再算 29+11=40，最后，40+40=80。

第三题，37+35+25，35 和 25 的个位数 5 和 5 能凑成 10，先算 35+25=60，再算 60+37=97。

沙僧算完，就轮到悟空了。悟空一看卷子，也暗自高兴，因为这三道题都是减法题，只要改变顺序，或者用拆数法，把这些数转变成有相同个位数的数，就容易多了！

照这个思路，悟空风驰电掣般算出第 2 张卷子上的三道题。

第四题，73-48-13，73 和 13 的个位数都是 3，就先算 73-13=60，再算 60-48，这时可以把 60 拆成 58+2，容易算出 58-48=10，10 再加 2，就是 12。

第五题，94-49-41，三个数的个位数都不相同，就把 94 拆成 91+3，这样，变出来的 91 和 41 的个位数相同，先算 91-41=50，再算 50-49=1，还有一个 3 要加，就是 1+3=4。

第六题，80-65+45，和第五题方法一样，把80拆成75+5，75和65的个位数相同，先算75-65=10，再算10+45=55，还有一个5要加，就是55+5=60。

悟空放回卷子时，偷偷瞄了一眼超罗，见他刚算完第四题，不禁心中暗喜：胜利在望！

轮到八戒了，他拿到题目一看，头就有些大。因为题目里很多数的个位数都是8和9，八戒不喜欢这几个数字，因为用它们计算加法时，得数很容易超过10，这样就得进位。而八戒觉得进位很麻烦。

麻烦也得算，为了师父，还有荣誉！八戒很认真，每一步都列出竖式，唯一的问题，也是最大的问题，就是他的计算速度，就像蜗牛一样，只有一

个字——慢。

第七题，19+29+39，八戒列出竖式，先算 19 加 29，好久才算出是 48。然后又列了个竖式，计算 48 加 39……又过了好久，终于算出答案是 87！

当八戒心满意足写下 87 时，悟空却急得要命，因为他看到：超罗马上要做第七题了！这就是说，八戒做一道题，超罗就能做两道题。照这个速度，超罗肯定能赢！

怎么办？难道真的救不回来师父，还得赔上宝贝书吗？

十八、一波三折

怎样才能让八戒算得更快？

以前，悟空会变成一只飞虫，飞到八戒耳边，偷偷说出答案。可数学世界里没有神通，再说了，即使有神通，现在的悟空已是斗战胜佛，根本不屑于这么做。悟空愿意遵守比赛规则，他认为：赢，就要赢得光明正大。

所以，悟空只能眼睁睁地看着八戒慢慢算。其实，他早就看出做这三道题的窍门了。

第七题，19+29+39，只要用凑十功，这三个数各加1，就变成了20+30+40，很容易算出结果是90，再减去3个1，就是90−3=87。

第八题，28+28+28，和上一题一样，还是用凑十功，这三个数先各加2，就变成了30+30+30=90，

再减去 3 个 2，就是 90-6=84。

第九题，31+32+33，也很容易，用拆数法，先把这 3 个数拆开，就变成了 30+1、30+2、30+3，然后改变顺序，先算 30+30+30=90，再算 1+2+3=6，最后两个得数相加，90+6=96。

悟空正想着，却听啪的一声，原来是超罗把卷子拍在桌子中间，大笑道："算完了！我早就说过，你们三个绑在一起也别想赢我，没错吧？！"

悟空愤愤地说："要是不绑在一起，我一个就能赢了你！"这时八戒刚算完，他觉得自己拖了后腿，小心翼翼地把卷子推到桌子中间。

超罗说："认输不？不认，就对答案，认，就快把书给我！"

悟空朝沙僧使个眼色。沙僧拿起超罗的卷子，仔细检查，然后冲悟空点点头，意思是超罗做得全对。

悟空小声说："把书给他。"

沙僧无奈，只好从背包里拿出《几何原本》，像慢动作一样把书递给超罗。超罗拿到书后，起身就要走。悟空却说："等等！还想再比一次吗？"

"再比？你们想把裤衩也输掉？哈哈哈！"此时的超罗已经得意忘形，"这就是数学，你们这些笨蛋是学不好的！我奉劝你们，还是赶紧离开数学世界，别再瞎掺和了！"

啪！八戒又气又恨，拍了一下桌子："谁说学不好，不就是慢点嘛！"

"八戒，把墨镜摘下来，"悟空很冷静，他对着超罗扬扬下巴，"再比一次，咱俩一对一。如果我输了，就把这墨镜送给你！"

"这本来就是我的！"超罗眉毛一挑，"不过，再比一次，我也不反对，反正结果都一样，你们还得输。"

悟空反问："如果我们赢了呢？"

"把唐僧还给你们，怎么样？"超罗来了兴致，又坐下了，"说吧，怎么比？"

悟空说："我出一道题，你能做出来就算赢，做不出来就算输。怎么样，敢比吗？"

"当然！你们来数学世界才几天，就敢和我比？"超罗有些不耐烦，"出题吧！"

悟空语气平静地说："大猴有 36 个桃，送给小猴 6 个后，两只猴的桃数正好相等。小猴原来有几个桃？"

超罗既惊讶，又心虚。惊讶，是因为悟空竟然出了一道应用题；心虚，是因为他的弱点就是应用题！他擅长计算和推理，可就是不会把数学用在生

活中，用数学来解决实际问题——这也是他恨数学世界的重要原因。

可现在，超罗已没有退路，只好赌一把，他想了想，小声说："30个……"

"错了！"悟空激动地挥挥拳头，"24个！"

"为什么？给我讲讲！"超罗故作镇定。

"大猴有36个桃，给了小猴6个后，还有30个桃。"

"嗯。"超罗点点头。

"两只猴的桃数正好相等，说明这时小猴也有30个桃。"

"对。"

"小猴原来有几个桃呢？他得到了大猴的6个桃后，才有了30个桃，所以，得用30减6，得24，明白了吗？"

超罗沉默了一小会儿，说："好，愿赌服输，我可以放人。但是，你们要和我再比一次。"

悟空眼珠一转："把我师父放了，就和你比。"

"不行，先比赛，再放唐僧。如果你们赢了，我就把帐篷还给你们；如果你们输了，我也放回唐僧，但你们得把墨镜还给我。"

"好啊，可以！"这买卖只赚不赔，悟空当机立断，但他转念一想，肯定没有这么简单，就问道，"你和谁比？"

超罗伸出手，指着正悄悄往后缩的八戒："和他比！"

十九、风云再起

听到超罗的话，八戒顿时呆住了。他已经拖累了大家一次，再比一次，十有八九还得输！沙僧则一脸苦相，望着天花板，心想：这真是哪壶不开提哪壶啊！

悟空紧紧盯着超罗，心想：这家伙究竟想干什么？但转念一想，今天只要能救回师父，就算成功了，其他的事情可以再想办法。想到这些，就说："好，怎么比？"

超罗脸上露出狡狯的笑容："当然是我出题，他来做，做出来算你们赢，做不出来，哼哼，就快把墨镜还给我！"

没想到，八戒却毫不畏惧："好，这可是你说的，男子汉大丈夫，说话可得算话。"悟空和沙僧听到这话，都很意外：八戒怎么又有了自信？他凭什么呢？

"那当然！"超罗露出不屑的表情，拿起笔，在白纸上先画一个大正方形，又横竖各画了两条线，把正方形分成横3个、竖3个，共9个小格子，在格子里写下7个数：第一行是22、空格、20，第二行是21、23、空格，第三行是26、19、24。

超罗写完，把纸推到八戒面前："找出规律，把这两个空格填上！"

八戒看着题目，一会儿抓抓耳朵，一会儿吸吸鼻子，半天也不说一句话。悟空也盯着题目，想了一会儿，又算了一下，就找到了其中的规律，也知道应该填什么数了。可是他不能作弊，只能在心里默念："猪队友啊，求求你啦，快点儿吧！"

时间拖得太长，超罗也不耐烦了，他冲八戒扬扬下巴："哎哎，做不出来，就趁早认输！"

八戒却抬起头，眼珠瞪得溜圆："哎，刚才讲得好好的，我做不出来算我输，可是并没说多长时间啊，只要我不认输，你就得等着！"

"嘿！"超罗听了这话，鼻子都快气歪了。悟空

也明白了，八戒刚才为什么那么自信，原来就凭这个呀！他这样做是在钻空子，也可以说在耍赖，而且拖到最后，要怎么办呢？时间太久，会不会出什么意外？师父会不会饿坏了？在去西天取经的路上，师父每餐吃得少，总是最先说饿。

超罗无奈，只好摘下帽子，用手将将头发。悟空发现，超罗梳着偏分头型，头发浓密，又黑又亮，看上去干净又帅气。悟空心说："可惜了这孩子，长得挺帅，却净干坏事！"正想着呢，咖啡馆的门突然被撞开，一个警察举着警棍，冲进屋中，大声喊道："我是警察，都不许动！"

说时迟那时快，超罗立刻站起，向窗户跑去。他推开窗户，纵身一跃，就跳到外面的大街上！

这个变化太突然，让八戒和沙僧都愣在那里。悟空反应最快，忙起身去追。可是有咖啡桌隔着，就慢了半拍，等他跳出窗户时，既没看见超罗，也没找到唐僧！大街上人来人往，悟空根本不知道自己应该朝哪里追。正犹豫时，悟空突然看见：刚才那个警察冲出咖啡馆就拼命地跑，而他的前方，并没有谁要追。看到这情景，悟空终于有了目标，抬脚就去追他。

　　这时，八戒和沙僧也冲出咖啡馆，悟空大喊："你俩别动，看好东西！"

　　现在，悟空明白了：第三次比赛只是超罗的一计。如果他赢了，就能拿回神奇墨镜；如果他输了，就像这样跑掉，没有任何损失！警察是假的，是超罗的同伙。超罗一摘帽子，假警察就冲进来，这是他们约定好的暗号。

　　太狡猾，太可恨！悟空越想越生气，越生气跑得越快，没多久，就捉住了假警察。

　　当悟空押着假警察回到咖啡馆时，却惊讶地发现师父唐僧正坐在桌旁和八戒、沙僧说笑呢！

　　"师父，你是怎么回来的？"悟空问道。

　　看到悟空回来，唐僧赶紧站起来："快来坐下，悟空！超罗把我放回来了，他让我带话给你，第三

次比赛，如果你们不耍赖，他也不会跑。"

"哼，这就是他的诡计！"悟空可不信这话。

八戒也说："我才没耍赖呢，人家就是……多想了一会儿嘛！"

"悟空，好徒弟，听为师一句话，"唐僧指着假警察说，"你先把他放了，既然超罗说话算话，咱们就要礼尚往来。"

二十、吃顿好饭

听了唐僧的话，悟空立马急了："放了他？我好不容易才捉住的！"

虽然不情愿可这是师父的命令，而且师父的话也有些道理。超罗逃走了，却能把师父放回来，说明他还讲信用，虽然只是那么一点点。悟空想了半天，终于想通了，但冒充警察是犯法的，所以悟空就押着假警察，把他送到附近的警察局，让数学世界的警察来依法处置他。

等悟空再回来时已是中午，师徒四人点了一桌子饭菜，愉快地吃起来。毕竟师父回来了，有惊无险，值得庆贺。

八戒问唐僧是怎么中计的，唐僧说："那天我骑车时，突然听见一颗树后面有婴儿的哭声，我就过

去查看，却没想到，那声音是超罗学的，唉！"

悟空说："我就说他太狡猾！然后呢？"

"他们把我藏到山后，等到半夜偷了八戒的自行车，接着他俩骑着两辆自行车，带着我，来到了九九市。"

沙僧一拍大腿："噢！老天，果真如大师兄所料！"

悟空问："他俩？除了超罗，还有谁？"

"就是那个假警察，叫伶俐虫。"唐僧回答。

悟空说："好熟悉……是金角大王的那个小喽啰吗？想起来了，还有一个叫精细鬼。"

"就是他们，你当时拿两根猴毛骗了他们两件宝贝。也不知道是怎么回事，他们就跑到这里成了超罗的帮凶。"唐僧说。

"嘿！早知道，我就一棒把他们打死了！"悟空后悔得直拍脑门。

唐僧说："这个伶俐虫，脑子混沌，算账糊涂，可他并不坏，一路上对我还挺好。"悟空心想："怪不得让我放了他呢！"

这时，沙僧拿着超罗写的纸条，问道："师父，这两个空格应该填什么数啊？"

唐僧看看纸条说："这个叫幻方，它的每行、每

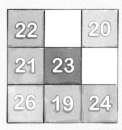

列和每条对角线上的数加起来，和都应该是相等的。"

"哈！"八戒大叫一声，吓了其他人一跳，"这么难的题！这个坏家伙，竟然让我猜！"

悟空说："其实，把这几个数加起来并不难。还是用凑十功和拆数法，比如22+23+24，可以拆成20+2+20+3+20+4，也就是3个20相加得60，2+3+4=9，60+9就是69。"

沙僧放下筷子拿起笔："第一个空格应该是69-22-20=27，第二个空格应该是69-21-23=25！"

看他俩算得这么快，八戒不好意思地说："今天……哦，对不起，我昨天太累了……我保证以后努力……"

悟空说："你再不努力，就拖累师父了！"

沙僧问悟空："对了，大师兄，给超罗出的题，你是怎么想出来的？"

悟空挤挤眼睛："昨晚睡觉前，我看了一眼笔记本，上面写着那道题，所以记住了。但第二次比赛时，我本来没抱多大希望，没想到超罗竟然不会！"

沙僧问："笔记本？什么笔记本？"

"就是黄金女王给的那本欧拉天王写的笔记。"

二十、吃顿好饭

沙僧双眼放光："这么好啊！也给我看看？求你了，大师兄！"

悟空说："可以啊！不过，我有个疑问，这道题并不难，以超罗的水平应该会做，他却做错了，这是为什么呢？"

唐僧说："加入没数帮的主要有两类人。第一类，花了不少时间学数学，学得也不错，但不会把数学用在生活中，不能解决实际问题。因此他们就觉得数学没用，有了付出，却没有收获，就恨起了数学。"

悟空问："这么说，超罗就是这类人了？"

唐僧说："好像是，他和我聊了很多数学知识，可从来不说与数学有关的实际问题，所以我觉得，数学的应用很可能是他的弱点。"

八戒问："那第二类人什么样？"

话音未落，悟空和沙僧同时伸出手指着八戒："就像你这样！"

唐僧点点头："嗯，八戒，你要是再犯懒，就和没数帮的人一样了。如果你加入了没数帮，就永远不能走出数学世界，只能在这里瞎捣乱了。"

八戒一听就急了："不行，我要到人间！仙界不好，这里也不好，还是人间的生活好！"

唐僧笑了："好吧，我相信你。没数帮的第二类人都像伶俐虫那样，不愿意动脑子，稀里糊涂，一做事就搞砸，搞砸了又怪数学没用，于是恨起了数学。

八戒说："好好好，你们别吓我，先让我吃顿好饭……无论如何，我都得回人间，到高老庄看看……"

二十一、三个"明白"

吃完饭，悟空又想到一个问题："师父，超罗为什么想要回《几何原本》？为了一本书，他竟然甘愿冒险绑架你，这书真有这么重要吗？"

唐僧说："是啊，我也正想呢，超罗到底想干什么？"

提起这本书，沙僧是最伤心的："唉，真可惜，如果没输，我就能接着看了！"

八戒说："没了就没了，反正你也看不懂。"

沙僧说："看不懂，我可以问啊！"

唐僧问："悟净，你看到哪里了？"

沙僧说："我看到角了，书上说，平面角，是一个平面上两条线之间的倾斜，这两条线相交，且不在一条直线上。我又不懂了，这是什么意思啊？"

唐僧说："这么说，的确有点复杂，我说个简单的：一般，从纸上的一个点开始，向不同的方向画两条笔直的线，就画成了一个角。"

三个徒弟想了想，都点头称赞：这么说，一下子就明白了！

唐僧说："你们的明白，其实只是听明白了，怎样才能想明白呢？"

悟空说："想明白？用我们学线段时，你教的方法？"

唐僧点点头："对呀！"

悟空说："嗯……第一步，先想条件，就是要成为角必须满足什么条件。"

沙僧抢着说："要有一个点。"

唐僧说："对，这个点叫作角的顶点。"

八戒说："从这个点起，还要有两条笔直的线。"

悟空说："这两条笔直的线，还要冲着不同的方向。"

唐僧露出了笑容："不错，要画出一个角，必须同时满足这三个条件。接下来呢？"

沙僧说："接下来是第二步，要反过来想，如果不满足这些条件，会有什么结果？"

八戒说："如果从这个点起，只有一条笔直的线，

或者一条笔直的线都没有，就不是角了。"

"如果没有顶点，也不是角。"悟空想了想，又说，"那会是什么样子呢？"

唐僧说："你们别光想，还得动手画一画呀！"

于是三个徒弟拿出笔来，互相商量着，在餐巾纸上涂涂画画。最后，他们画出6个图：除了第一个图是正确的，其余都错了。是怎么错的呢？

第二个图上只有一个点；第三个图上有一个点和一条笔直的线；第四个图上虽然有一个点和两条线，但从这个点起，却是一条笔直的线和一条曲线；第五个图上虽然有两条笔直的线，可连接它们的却并不是一个点，而是一段圆弧；第六个图上则是两条平行的直线，无论怎样延长，也不会相交。

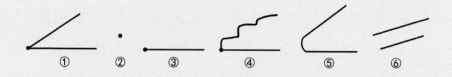

① ② ③ ④ ⑤ ⑥

唐僧看后说："画得好，这些错，真是千奇百怪！"

悟空说："师父，现在我们想明白了，再遇到错误的角，一看就知道！"

唐僧很满意："那你们再想想，如果把顶点和一条笔直的线固定，旋转另外一条笔直的线，两条线形成的角会有什么变化？"

　　三人拿出两根筷子，把它们的一头合在一起，模仿出一个角。一根筷子不动，转动另一根筷子，角的大小就会变化。在唐僧的讲解下，他们明白了什么是直角、钝角和锐角。

　　最后唐僧说："先听明白，再想明白，最后用明白，三个'明白'都做到了，才算真学会了。这三种角，还需要你们自己去想明白、用明白。"

　　悟空问："用明白？线段可以用在测量上，可角……有什么用呢？"

　　唐僧很惊讶："角的用处可太多了！你想想，哪个物体上没有角？比如八戒的钉耙里有角吧，你们尝试一下改变钉耙齿的角，看看还好用不？"

　　八戒连忙摆手："不行不行，这可不能改，改了

肯定不好用！"看他着急的样子，其他人都笑起来。

唐僧说："吃完饭，我们得去市政府盖章，正好游览一下九九市。"

八戒的懒病又犯了："依我说，咱们不如找个旅馆好好休息一下。大师兄刚才抓那假警察，跑了不少路，够累的了。"

悟空说："我不累，咱们盖完章后，去体验馆转转吧？"

沙僧说："对，还有训练营！在一百镇太匆忙了，这两个地方都没去，好遗憾。"

唐僧说："九九市可是有名胜古迹的，你们肯定不知道这里为什么叫九九市吧？"

二十二、九九纪念塔

听了唐僧的话，三个徒弟同时问："为什么叫九九市？"

唐僧说："这里有座伟大建筑，叫九九纪念塔。"

"伟大建筑是什么？"悟空的问题马上就来。

唐僧说："数学世界为了感谢对数学有巨大贡献的数学家而修建的大型建筑。"

沙僧问："九九纪念塔是为了感谢谁？"

唐僧说："感谢中国古代的数学家，是他们最早发明了九九乘法口诀。"

三个徒弟都糊涂了："乘法口诀又是什么？"

"要说乘法口诀，就得先说乘法……"唐僧的话没说完，八戒就抢着说："师父，我知道乘法是什么！"

其他三人同时问："是什么？"

八戒说："乘法，就是盛饭的方法！"

唐僧笑喷了，咳嗽了好一会儿，才说："我说的乘，是乘车、乘船的乘。**乘法和加法、减法一样，都是数学中的一种运算。**"

悟空问："乘法是怎么来的，又怎么算呢？"

"举个例子吧。有 3 个 2 相加，就是 2+2+2，这还算容易。可是，如果有 9 个 2 相加，再用加法计算时，就会很麻烦。于是，人类发明了一种简便的算法——乘法。怎么乘呢？9 个 2 相加，就可以写成 2 乘以 9。"唐僧边说边拿笔在餐巾纸上写出乘法算式 2×9。

"等于 18！"沙僧用加法，很快算出答案。

"对，**乘法的得数叫积**，注意，积是积累的积，不是鸡肉的鸡！"唐僧话音刚落，大家就转过头来，看着八戒。八戒一脸茫然："然后呢？"

唐僧写出 2×9=18，然后说："怎样用最简便的方法来记住这个算式呢？中国古人发明的乘法口诀只有四个汉字——二九十八。"

八戒说："真简单，我喜欢！"

沙僧说："真好记，我也喜欢！"

唐僧又说："中国古人把从 1 到 9 每两个数相乘的算式，都简化成几个字的口诀，合在一起叫九九歌，现在叫作九九乘法表。为了纪念这个伟大成就，数学世界就在这里建造了九九纪念塔。

悟空说："哈哈，我明白了！这里有九九塔，所以叫九九市！"

唐僧说："对了！到了这里，一定要参观纪念塔，不然就遗憾了！"

三个徒弟说："刚好吃完饭，现在就走呗！"他们立刻动身，向市中心走去。

悟空问："师父，你刚才说，9 乘 2，也可以叫 2 乘以 9，一个算式，为什么有两种叫法？"

唐僧说："2×9（读 2 乘以 9）的含义，是 9 个 2 连续相加，2 是被乘数，9 是乘数，如果把这个算式想成一驾马车，2 就是马冲在前面，9 是车夫坐在后面，车夫当然要乘在车上，所以要是按照含义念，就念 9 乘 2。要是按照文字出现的顺序念，就念 2 乘以 9。"

八戒回想起师父写的算式，说："这乘号……很像加号！看到它，我就想起了加减小姐妹。"

唐僧说："乘法源于加法，所以人类把加号旋转一小下，就创造了乘号。最初的乘号，就是乘号的原身，还有他的很多分身，都住在这九九市里。"

八戒说："怪不得我用墨镜看到，好多人的肚子里不是数，而是一个大叉子，我还纳闷儿呢，原来

数学西游

这是乘号！"

他们边走边说，不知不觉就到了中心广场。只见广场上有一面巨大的石头墙，由36块大石头组成，它们整齐地排成6层，每层6块。

每块石头的正面都刻着一句乘法口诀、一个乘法算式和一张点子图。比如最左边顶端的石头上，第一行字是"九九八十一"，第二行是算式"9×9=81"，再往下是点子图，横竖各有9个点，加起来共81个。

唐僧说："这就是九九纪念塔，上面刻着中国最早的九九歌，只有36句，起于'九九八十一'，终于'二二得四'。需要说明的是，原文是'二二而四'，

九九八十一 9×9=81	八九七十二 8×9=72	七九六十三 7×9=63	六九五十四 6×9=54	五九四十五 5×9=45	四九三十六 4×9=36
三九二十七 3×9=27	二九十八 2×9=18	八八六十四 8×8=64	七八五十六 7×8=56	六八四十八 6×8=48	五八四十 5×8=40
四八三十二 4×8=32	三八二十四 3×8=24	二八十六 2×8=16	七七四十九 7×7=49	六七四十二 6×7=42	五七三十五 5×7=35
四七二十八 4×7=28	三七二十一 3×7=21	二七十四 2×7=14	六六三十六 6×6=36	五六三十 5×6=30	四六二十四 4×6=24
三六十八 3×6=18	二六十二 2×6=12	五五二十五 5×5=25	四五二十 4×5=20	三五十五 3×5=15	二五一十 2×5=10
四四十六 4×4=16	三四十二 3×4=12	二四得八 2×4=8	三三得九 3×3=9	二三得六 2×3=6	二二得四 2×2=4

这里为了更清楚，把所有的'而'改成了'得'。说它伟大，是因为在2500年前，中国古人就会了！"

　　三个徒弟站在广场上，仰望着九九纪念塔。午后的阳光，明亮而热烈，照在庞大的纪念塔上，又投下浓重的阴影，使纪念塔看上去更加棱角分明，格外庄重。

　　过了半天，三人才一齐惊叹道："好壮观啊！"

二十三、有含义的口诀

　　唐僧说："会了九九歌，做乘法运算就会快得多。你们要反复背诵，直到非常熟练才行。"

　　于是沙僧拿出纸笔，把纪念塔上的口诀和图案都记在本子上。八戒和悟空则骑上自行车，围着纪念塔转了一大圈。之后，四人又在广场上闲逛。广场上有很多游客，这些游客中，有学生，有老师，有工程师，有企业家，还有数学家。师徒四人和游客聊天、做游戏，玩得好开心！

　　他们玩得太投入，等想起还得盖章时，太阳已快落山了，只好先回旅馆，准备明天再去市政府。

　　晚饭后，沙僧拿出本子，又叫上悟空和八戒，三人一起背诵九九歌。背了好一会儿，也没记住多少。休息时，悟空问唐僧："师父，既然这口诀从九九开始，到二二结束。为什么不叫二二歌，而叫九九歌呢？"

唐僧说："可能是因为中国古人喜欢九这个数字吧，就叫了九九歌。九九歌名气太大，以至于后来很多人干脆用九九二字来称呼数学。"

悟空又问："那我们取经时经历了九九八十一难，这里的九九难道也是数学的意思？"

八戒说："哈哈，那就成了'数学八十一难'！"

唐僧笑道："你这猴子，都成佛了，还这么顽皮！九九有多个含义，难道不可以吗？在这句话中，九九八十一的意思是特别多。"

悟空挠挠头："特别多？特别多用九九来表示？为什么不用七七、八八来表示呢？"

唐僧说："在一位数中，9 是最大的，所以，古人说九个九，就是特别多的意思，'九九八十一难'表示最多的劫难，是苦到了极致的意思。"

沙僧说："噢，老天！这乘法口诀也能有含义！"

悟空继续问道："那 72 有含义吗？"

唐僧说："有啊！中国古人认为，在数字中，1、3、5、7、9 是天数，2、4、6、8 是地数，9 是最大的天数，所以会有九重天、九霄云外这些词。8 是最大的地数。"

"还有天数和地数，真稀奇！"八戒终于插了一句话。

"古人重视自然，所以用天和地给数起名字。又

讲究天地相合，就特别崇拜72这个数。"唐僧越讲越起劲儿。

悟空问："为什么是72啊？"

唐僧说："因为——八九七十二！这里的8和9还是数字中最大的。所以，说72变，这72的意思，就是神通广大、变化多端。"

悟空高兴得直搓手："原来如此！怪不得仙界有72重宝殿呢，72就是好！"

八戒有些失望："那我的36变，这36的意思是什么啊？"

沙僧在一边坏笑："这还用问，神通少了一半呗！"

八戒听后嘴咧得老大，眼睛斜瞪沙僧。沙僧连忙说："二师兄，我可不是乱说，你看，36乘以2就等于72嘛！"

唐僧说："36的含义也很好！古人认为6是吉利的数字，所以才有六六大顺这个词！"

"对呀，六六三十六，两个6相乘就是超级顺！"八戒笑着拍起了巴掌。

唐僧说："其实，数就是数。这些含义都是人们后来加上去的。我讲这些，只是为了帮你们尽快记住乘法口诀！"

悟空说："不管三七二十一，我就喜欢72！"

八戒说："哈，这也是一句口诀！"

"哎，你别说，这三七二十一，有真实的来历呢！"唐僧说，"战国时，有一位谋略家叫苏秦。他跑到齐国，劝说齐王抗击秦国。齐王却担心兵力不足，苏秦就给齐王算了一笔账：齐国的都城中有7万个家庭，每家只要出3个男子当兵，就有了三七二十一万兵，有了这些兵，肯定能抗击秦国！"

三个徒弟一起说："这么算挺对的呀？"

唐僧说："才不是呢！这么算，根本不符合实际，你们想，不可能每家都有3个男子。即使有，也不一定都能当兵，其中必然有老幼病残。"

三人你看看我，我看看你，大眼瞪小眼，他们没想到问题这么复杂！

"后来，人们就把'不管三七二十一'当个笑话讲，意思是不管不顾，蛮干硬来。"唐僧说。

悟空挠挠头："嗯，看来这21……不是个好数！"

唐僧说："还是那句话，数就是数，别把含义当真！对了，现在你们记住几句口诀了？"

沙僧掰着手指头数："九九八十一，八九七十二，六六三十六，三七二十一……"

八戒得意地说道："哈哈，这么一会儿就记住4个了！"

二十三、有含义的口诀

二十四、熟悉的数

沙僧一拍大腿："噢，老天！这么学乘法口诀，记得就是快！"

悟空说："对啊，因为知道了口诀背后的故事！"

八戒说："好师父，还有什么故事？再给我们讲几个吧。"

唐僧说："故事嘛，我就知道这些了。不过，除了故事，还有个方法。先在表中找出你们熟悉的数，再把这些数和生活联系起来，也容易记住口诀。"

悟空说："好啊！要不咱们玩儿个游戏？规则很简单，每人说出九九歌中自己熟悉的数，还有和这数有联系的事物。谁说得多就算谁赢，怎么样？"

八戒和沙僧一听游戏二字，就特别起劲儿，全都点头同意："好啊好啊！"

唐僧说："你们玩儿吧，我先睡了！"

游戏开始了，八戒最先说："12，一年有 12 个月，分为四季，每季 3 个月，三四十二。"

悟空说："其实别的数相乘，也能等于 12。"

八戒说："是吗？我看看……嘿，知道了，原来是二六十二！"

沙僧接着说："14，我们去西天取经，总共走了 14 年，二七十四。"

悟空说："18，十八层地狱，二九十八！"

八戒说："你总要吓死人！"

悟空说："那就换一个，十八罗汉，二九十八，没问题了吧？该你了！"

八戒想了一下："20！"

悟空和沙僧看着八戒，心想：这 20 和生活有什么联系呢？没想到，八戒不慌不忙，伸出一只手掌："手脚各有五指，加起来正好 20，四五二十！"

沙僧说："24，

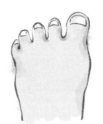

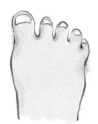

一年有24个节气，分成四季，每季有6个节气，四六二十四。"

悟空说："28，二十八宿分成四组，每组7个，正好四七二十八。"

该八戒了，八戒说："10！二五一十！"说完他伸出两只手掌。悟空和沙僧无奈地摇摇头：这太简单了，可又挑不出毛病。

沙僧说："35，我们取回的真经总共有35部，五七三十五。"

悟空说："36，我大闹天宫时，被36员雷将团团围住！四九三十六，还有六六三十六。"

又轮到八戒了："30，镇元大仙那棵树，一万年只结30颗人参果，五六三十。"

悟空笑道："只要与吃有关，你就记得牢！"

沙僧说："54，师父念的《多心经》，共五十四句，

六九五十四。"别看沙僧平时不言语，心却很细，连唐僧念的经有多少句都记住了。

悟空说："49，我在太上老君的炉子里待了……七七四十九天！"今天悟空说的数和事，全是他的亲身经历。一直以来，悟空都以大闹天宫为骄傲。在取经路上，只要他遇到妖怪，就要把这事讲一遍。他经常说："你去乾坤四海问一问，我是历代驰名第一妖！"

可奇怪的是，就在今天，悟空一直很骄傲的感觉竟没有那么强烈了。

为什么呢？

在数学世界里，没有神通，也没有了金箍棒，这些变化，把悟空拖回了最初的时光。那时，他只是个小石猴，为了学习长生不老术，十几年中，他四处游荡，寻找名师。那时，他的脾气很好，有人骂他，他也不恼，有人打他，他也不怒。可后来，他的本事大了，脾气也大了，一切就都失控了……

悟空已经感到，他的脑海中这些想法，就像破土而出的种子，悄悄生长出来，搅得他心里乱糟糟的。但悟空还没有理清这些新想法到底是什么，他需要一个安静的地方好好想想。

正在悟空愣神时，八戒和沙僧却吵了起来！

原来，八戒说的数是 48，因为他的钉耙重五千零四十八斤，六八四十八。

沙僧不同意，说这四十八不是个单独的数，因为在它前面还有个五千呢！基于这个理由，沙僧坚持让八戒重新说个数，可八戒不同意。就这样，两人吵了起来。

悟空在了解情况后，也支持沙僧的意见。八戒生气了："哼，什么都是你们对，不玩儿了！"

就这样，三人不欢而散。八戒气呼呼地去睡觉；沙僧继续背诵九九歌；悟空在唐僧的呼噜声中，独自走出房门，他要到中心广场去散散心，静一静、想一想，他脑海里的种子，那颗正在发芽的种子到底是什么。

二十五、纪念塔上

悟空走到中心广场时，已是深夜时分。广场上空无一人，月光照在地面上，像给地面铺了一层雪，白花花的一大片。

悟空坐在广场上，抬头看看月亮，又看看纪念塔上的巨石，心想：这么大的石头，是从哪里拉来的呢？师父说，每块石头高2米，长6米，宽5米，那得多重啊……他盯着巨石，任由思绪纷飞。过了一会儿，各种想法逐渐消失，心情就慢慢静下来。于是，他对自己说：好了，现在该想想为什么今天没有骄傲，那颗种子到底是什么了。

好像是……要学的知识太多了，也不知什么时候才能全部学会；又好像是……他想回人间，又担心能否适应，还有，到了人间，自己能做些什么呢？

很多想法同时涌出来。

可就在这时，他看到一个黑影从纪念塔塔顶闪过！悟空一激灵，他揉揉眼睛，确定不是自己眼花，就立刻站起身，向纪念塔冲去！

嗖嗖嗖，悟空施展攀岩绝技，没一会儿，就爬到了纪念塔的顶端。可是上面什么都没有，没有人，也没有东西，只有六块巨石排成一字形。

悟空静静地站在塔顶，警惕地看着，听着，思考着。

突然，他听见咚的一声，像是什么东西掉在了地上。声音虽然小，但周围太安静了，悟空不但听得很清楚，而且十分确定这声音是从巨石里面传出来的！

难道——这些巨石是空心的？如果是，怎样才能进去呢？悟空是石猴，他对石头有天然的亲切感。仔细看这些巨石，悟空发现巨石顶上也有点子图，最左边的巨石上有9个点，往右的5块巨石上，依次有8个、7个、6个、5个、4个点。这些点子是凸起的半球状石头，看起来就像馒头。

难道这些石头点子是进入巨石的机关？

悟空用手轻轻地旋转、掰、抠这些半球，一个一个地试。就在即将全部试完、悟空也马上要放弃时，却发生了奇迹！

什么奇迹呢？悟空发现，最左边巨石上，9个点子中央的那个点子，竟然可以转动！悟空使劲一转半球，突然感到背后有股凉气袭来！他连忙转头，看见旁边那块巨石上已悄然露出一个圆形洞口。

悟空毫不犹豫，转过身就跳进洞中。眨眼之间，洞口又合上了，严丝合缝，从外面根本看不出来。

再说跳进洞中的悟空，还什么都没看清，就扑通一声掉在地上，摔了个大屁墩。等悟空回过神来，才发现这里是一间石屋——巨石是中空的，而他现在就在其中！

石屋的形状和巨石一样，也是扁长的。在两面长墙上，刻着一行大字：八九七十二，大字下面刻着密密麻麻的小字，细看全是数学题。在两面短墙中间，各有一个圆形洞口，洞口有石板挡着，石板上刻着乘法算式，一边是 $9×9$，另一边是 $7×9$。在屋角，还有石桌石凳，石桌上有一盏油灯，发出淡淡的光。

悟空抬头看天花板，发现天花板中间也有个圆形洞口，洞口中也有石板挡着。悟空明白了：刚才他就是从这里进来的。在洞口旁边的墙上，从上到下，有一排凸出的石头，人可以踩着这些石头爬上爬下，

这些石头就是梯子!

悟空又低头看地面,依然有个圆形洞口,洞口也有石板挡着,而他刚好坐在这块石板上! 石板上刻着2×9。悟空想:2乘以9不是18吗? 于是顺口念出:"二九十八。"

万万没想到,悟空屁股下的石板——突然消失了! 悟空从洞口落下,又扑通一声摔在地上,又摔了个大屁墩!

悟空被摔得发蒙,过了好半天才回过神来。他发现这里还是石屋,和刚才的一模一样。他连摔两次,屁股疼得厉害,就伸手去揉。揉的时候一低头,正好看见地面还有洞口,挡着洞口的石板上刻着3×8,

就顺口念出"三八二十四"。

屁股下的石板又消失了！悟空从洞口落下，还是扑通一声摔在地上，还是摔了个大屁墩！

连摔三次，悟空的屁股太惨了，可他的头脑却逐渐清醒了。悟空明白了：挡住洞口的石板是声音控制的，如果有人说对了乘法口诀，石板就会自动消失，洞口敞开，人就可以通过洞口。

真是这样吗？

二十五、纪念塔上

二十六、石屋奇遇

　　为了验证自己发现的规律，悟空忍痛站起，一瘸一拐地走到左边的短墙前，墙上洞口的石板上刻着4×8。悟空想了想，念出"四八三十二"，石板立刻消失，洞口敞开了！

　　悟空从洞口看，洞那边好像也是个石屋，他就钻了过去。

　　果然，这边也是个石屋，和刚才的几乎一模一样。唯一的区别是：左边的短墙上没有洞口了。

　　悟空想了半天，终于明白了：这里的每个石屋都在一块巨石中间，各块巨石之间有洞口相通。刻着"四八三十二"这块巨石，在纪念塔的最左侧，所以这个石屋左边的短墙上没有洞口。这些石屋的名字，还有它们所在的位置，与九九纪念塔上的口诀是一模—样的。

九九八十一 9×9=81	八九七十二 8×9=72	七九六十三 7×9=63	六九五十四 6×9=54	五九四十五 5×9=45	四九三十六 4×9=36
三九二十七 3×9=27	二九十八 2×9=18	八八六十四 8×8=64	七八五十六 7×8=56	六八四十八 6×8=48	五八四十 5×8=40
四八三十二 4×8=32	三八二十四 3×8=24	二八十六 2×8=16	七七四十九 7×7=49	六七四十二 6×7=42	五七三十五 5×7=35
四七二十八 4×7=28	三七二十一 3×7=21	二七十四 2×7=14	六六三十六 6×6=36	五六三十 5×6=30	四六二十四 4×6=24
三六十八 3×6=18	二六十二 2×6=12	五五二十五 5×5=25	四五二十 4×5=20	三五十五 3×5=15	二五一十 2×5=10
四四十六 4×4=16	三四十二 3×4=12	二四得八 2×4=8	三三得九 3×3=9	二三得六 2×3=6	二二得四 2×2=4

找到了规律，又明白了石屋的结构，悟空很高兴，他一口气连续向右钻了 5 个洞口，到了长墙上刻着"五七二十五"那间屋，还觉得不过瘾，就又往回钻，到了长墙上刻着"七七四十九"这间屋时，悟空突然觉得：好像哪里不对劲儿！

哪里不对呢？悟空在屋里转了一圈，很快，他就找到了答案：这间屋的石桌上，竟然有一些饼干和水！饼干有淡淡的香气，使这间屋与众不同。

看到这些，悟空又产生了新问题：食物是谁放的？又是给谁准备的？每间屋都有油灯，灯是谁点

二十六、石屋奇遇

燃的？难道还有人在石屋中？

为了弄明白这些问题，悟空又尝试去上面的石屋。他发现，只要顺着墙边的石头梯子，就能爬到天花板上的洞口旁，再念出正确的乘法口诀，洞口中的石板就消失了。人就可以钻过洞口，到上面的石屋。

去下面的石屋更简单：念乘法口诀时，只要人不站在洞口中的石板上，就不会掉下去。等石板消失、洞口敞开后，人可以顺着石梯爬下去。

悟空掌握了这些规律，就上蹦下跳，在各个石屋中游走。没一会儿，他就走遍了所有石屋。不出所料，石屋总共有36间，分为6层，每层有6间，一字排开。另外，8个石屋里有饼干和水，它们是长墙上刻有九九八十一、八八六十四、七七四十九、六六三十六、五五二十五、四四十六、三三得九、二二得四的石屋。

在石屋中走了好几遍，悟空也没发现其他人。但在一些石屋的地上，他发现了一些饼干渣儿，说明这里一定还有人，只是在和他躲猫猫呢。

怎样才能找到这人？悟空没想明白，可这时，他脑子里又冒出一个问题，这个问题，好像更迫切，也更严重：怎样才能出去呢？

于是悟空跑回"八九七十二"石屋，这是他进来的第一个石屋，他想试试，从屋顶的洞口能不能出去。可是，这个洞口的石板上根本没有乘法算式——什么都没有，念什么口诀？

情急之下，悟空把所有乘法口诀全念了一遍。可是那洞口却毫无反应。悟空生气了，挥起拳头捶打那洞口的石板，然而石板纹丝不动！

怎么办？这些石屋中虽然有食物，也不感觉憋闷，可是如果不能出去，就没有自由，这和被压在五行山下有什么区别？

想到这些，悟空就很暴躁，他在各个石屋中乱窜，寻找出口，寻找其他人。可是，无论他折腾多久，也找不到出口，更看不到任何人。实在累得不行，悟空就躺在地上，不再动弹。在无聊中，他看到了长墙上刻的小字——那些数学题。

开始的题目很简单，比如五个六边形有多少条边？悟空马上就知道：应该是6×5，五六三十，他顺嘴就能说出来。其实，悟空刚进石屋时，只会背乘法口诀中的几句，可为什么现在，他这么熟悉乘法口诀了？

原来，悟空在石屋里跑了无数遍，要想打开洞门，就得大声念出正确的乘法口诀，不知不觉中，就能

熟练背诵，熟到张嘴就来，不需动脑，全凭感觉。

　　看完简单的题目，悟空继续往下看，这一看不要紧，把悟空看得高兴不已，兴奋得直跳！

二十七、理解题意

　　悟空继续往下看，他万万没想到，下面的内容竟然是解应用题的方法！

　　他先看见一行大字：

　　理解了题意，题目就解答了一半。

　　悟空立刻明白，接下来的内容很重要。上次他掉进河中，就是因为不仔细听题，要不是有小白龙，差点被淹死。但悟空只知道理解题意很重要，却不知道怎样理解题意，或者说，不知道理解题意的具体方法。所以他继续往下看，下面用小字写着：

　　理解题意，要明白这些词的含义：一共、共有、还剩、同样多、相差、几倍、平均、增加、增加到、缩小、减少。它们都是表示数量关系的词，非常重要。

　　不仅要明白这些词，还要注意词中的每个字。

比如"减少"和"减少到","增加"和"增加到"虽然只差一个字,意思却不一样。

例如,我有10个桃,又摘了一些桃,我的桃增加了16个。或者,我有10个桃,又摘了一些桃,我的桃增加到16个。第一句话说明,我摘了16个桃,现在共有26个桃;第二句话说明,我摘了6个桃,共有16个桃。

看到这里,悟空高兴得不得了:说得真清楚,真管用!于是他看完这个石屋,又跑到那个石屋,继续看,不停地看。每个石屋的长墙上都有一些解题方法。把它们连起来,就是一本解题手册!

这时的悟空,就像八戒遇到好吃的那样,双眼放光;又像沙僧碰见好书那样,下手迅猛;更像唐僧去西天取经那样,意志坚定。他趴在石墙前,如饥似渴地学习。饿了渴了,就吃饼干喝水;累了困了,就躺在地上歇一会儿。

终于,悟空学会了理解题意。此时,他已筋疲力尽。只好躺在地上,把学习的内容,再默念两遍:

怎样理解题意?方法很简单:认真读题,至少三遍。读的时候,要在题目上画出符号,以引起自己的注意。最后再用自己的话,在心里讲一遍题的意思,如果你能讲出来,就说明你看懂了题目。

怎样才算理解题意? 要明白题目中: (1) 发生了什么事; (2) 事情的经过; (3) 已知的条件; (4) 目标是什么。

想知道事情的发展经过,就要找"先""后""再""又"等关键字。

例如,两队分别从两头挖水渠。先由一队以每天5米的进度开挖;2天后,二队开始工作,二队每天挖4米。两队一起工作,再挖7天就能完成。求这条水渠的总长。

这道题看着复杂,但如果能找出"先""后""再",事情的经过就很清楚了。

已知的条件,就是你知道的、关于数量的信息。通常,一道题中,至少会给两个条件。如果只有一个已知条件,就难以解答。

例如,一个小组有7个同学,每个同学有6个练习本。这个小组一共有多少个练习本? 这里,6个练习本与7个同学是两个已知条件。

数学西游

有的条件是明显的，有的条件是隐蔽的。

例如，小明每天吃6块饼干，一周共吃多少饼干？这道题看上去只有一个条件，但实际上有两个条件。一周等于7天，这个条件是隐蔽的。运用生活常识，就能解读出隐蔽条件。

有的条件是直接的，有的条件是间接的。

例如，全班去种树，甲组种了50棵，乙组种了40棵。两组共种了多少棵？这道题中有两个条件：50棵和40棵。可以直接用来计算，所以，它们是直接条件。

再例如，全班去种树，甲组种了50棵，乙组比甲组少种了10棵。两组共种多少棵？这道题中，得先计算50-10，才能知道乙组种了多少棵，才能进行下一步计算。所以，"少种了10棵树"，是一个间接条件。

所谓难题，就是题目中有隐蔽或间接条件，只要你能解读出这些条件，就能轻松解题。

悟空一想到以上内容，就佩服写这些话的人："说得真好，要是能按他说的做，就没有难题了！"

对解答应用题，悟空原来是一知半解，他只读了几页欧拉天王的笔记，那笔记写得很简单，字迹也潦草，看不太明白。而这石墙上的内容，写得详细，还有案例和说明，悟空一看就懂了！

　　当然，石墙上也有一些话让悟空感到困惑。而且，在悟空心中有隐隐的担忧，它们是什么呢？

二十八、分析数量关系

让悟空困惑的是理解题意中的目标。石墙上是这样写的：

目标就是题目里的问题，简单说，要得出的答案，就是要实现的目标。如果目标很难，就要想办法转化，把它转化成简单的新目标。

悟空明白目标是什么，但他记得师父说过，转化是一门神奇的功夫，强大而又巧妙。可是，这里却没有提转化的方法，为什么？是作者不会，还是只要能解读已知条件，就能解题了？悟空想了好久，也没想明白。

让悟空担忧的是，他到现在还是不知道怎样解题，就不太自信。这也不怪他，他解的题还是太少，就不熟练。比如解猴子分桃的那道题：

大猴有桃 36 个，送给小猴 6 个后，两只猴的桃正好一样多。小猴原来有几个桃？

对这道题，悟空能理解题意，也知道怎样算出答案。可如果再遇到类似的题，能不能列出算式，他心里没底。他想，到那时，十有八九还得犯迷糊，因为他总是理不清数量关系。于是他在心中提出了一个问题：有什么办法能让自己的脑子不乱呢？

为了解决这个问题，他又跑到其他石屋继续学习。

终于，他在一面石墙上找到了一个好方法：线段图法！这个方法很简单，就是画出线段，用线段来表示题目中的数量信息。数大，线段就长一些；数小，线段就短一些。两个数相加，就把两段线段连在一起，线段的总长表示的就是两个数的和；两个数相减，就在长线段中截出短线段的长度，剩下的线段，表示的就是两个数的差。

悟空试着用线段图，来表示猴子分桃的数量关系。他先画出一条长线段，标出 36，代表大猴的桃。再画一条短线段，代表小猴的桃。小猴的桃有多少呢？暂时还不知道。

但是，根据另外一个条件，如果在长线段中截出一小段，用它代表 6 个桃，再把这小段加在短线

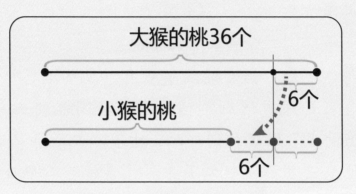

段上，两条线段的长度就相等了！

这样，题目中数量的关系，就一目了然：短线段加上两个小段，总长度就等于长线段的长度，并且两个小段的长度相等。又知道每小段的长是6，长线段的长是36，那短线段的长，就是36-6-6=24。

就这样，用线段图法，把问题变得超级简单！

悟空哈哈大笑，手舞足蹈：这么好的方法，我怎么就不知道呢！可他又一想：既然方法这么好，那就学透它，把它变成自己的看家本领！于是他继续看，接下来是：

水果店有一批水果，第一天卖出一半，第二天卖出剩下的一半，这时还剩4箱水果。这批水果一共有几箱？

悟空读了三遍题，然后画出一条长线段，代表水果总箱数。接着他在线段中央，画出一个点，心里说：左边的一半代表第一天卖出去的，右边的一半是剩下的。

接着，他在右边线段的中央，画出第二个点。心里说：从这个点到第一个点之间的线段表示的就是第二天卖出去的。这样，第二个点到右侧端点之间的线段，就表示剩下的 4 箱水果。

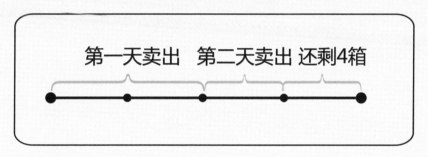

这样，数量关系就很明显了：一条线段被分成相等的 4 份，一份代表 4 箱。这条长线段就代表 4×4=16（箱）。

悟空做完题后，再看墙上的答案和说明，果然和他做的一样！然而，更震撼他的是下面的话：

在理解题意后，就要分析数量关系。分析的关键是找到数量相等的部分。

悟空盯着这句话，想了半天：从猴子分桃到卖水果，这两道题在他的大脑中就像疾风暴雨、电闪雷鸣，反反复复出现，不断冲击着他。他不禁喃喃自语：找到数量相等的部分，找到数量相等的部分……

数学西游

猴子分桃，是因为知道了小猴的桃数再加上2个6，等于大猴的桃数——找到了相等的部分就列出了减法算式。

而卖水果，是因为知道了总共的箱数是剩下箱数的4倍——找到了相等的部分就列出了乘法算式。

想到这里，悟空顿时开了窍，他仰天长啸："我知道啦！哈哈哈哈！"

二十九、解题四步走

开窍的悟空再也不担心了。因为他知道遇到应用题时，应该怎样分析题目，怎样理清数量关系，并列出算式了。

这面石墙上还有三道题，第一题是：

牛二虎今年 5 岁，妈妈 30 岁。今年妈妈比二虎大几岁？明年妈妈比二虎大几岁？20 年后呢？

看到这题，悟空立刻有了答案：今年妈妈比二虎大 30-5=25（岁），明年妈妈还比二虎大 25 岁，无论再过多少年，妈妈永远比二虎大 25 岁，这个年龄差是不会变的。悟空想：这种不变的关系，也应该算相等的部分。

悟空继续看第二题：

二虎 3 岁时，大成的年龄正好是他的 6 倍。今

年大成24岁，二虎几岁？

悟空先理解题意，解读已知条件：二虎3岁时，大成的年龄是3的6倍，三六十八，大成就是18岁，大成比二虎大18−3=15（岁），这个年龄差15岁，是永远不会变的。

然后分析数量关系。题目中相等的部分是，二虎的年龄加二人的年龄差等于大成的年龄。反过来说，就是大成的年龄减二人的年龄差等于二虎的年龄。

接下来，列算式！大成24岁时，二虎的年龄是24-15=9（岁）。

悟空继续往下看题：

弟弟今年14岁，姐姐18岁。弟弟几岁时，两人的年龄和是40岁？

悟空先理解题意，解读已知条件："两人的年龄和是40岁"，年龄和有什么规律？这里一定隐藏着一些信息！

想了一会儿，悟空才明白：每过一年，姐弟俩各增加1岁。所以，每过一年，两人的年龄和就增加2岁！

这是一个明显的规律，但如果不运用常识来解读已知条件，就不容易发现它，更不要说利用它了。

怎么利用呢？那要分析数量关系，找到相等的部分。而这对悟空来说并不难：两人的年龄和现在是：14+18=32（岁），32是基数，加上增加的年龄和就等于题目中给的40岁。所以，增加的年龄和是：40-32=8（岁）。

前面已推出：年龄和每年增加2岁，那几年能

增加8岁？二四得八，4年，太简单了！那时，弟弟的年龄就是：14+4=18（岁）！

现在，悟空非常得意：他解题快了很多，也充满了自信！原因很简单，他能找到相等的部分！

带着愉快的心情，他又跑到其他房间，做了两道题。

1个西瓜的质量等于2个哈密瓜的质量，1个哈密瓜的质量等于10个桃的质量，1个桃的质量等于3个杏的质量。一个西瓜的质量等于多少个杏的质量？

这道题的题意好理解，数量关系也清楚，悟空认为可以直接列算式，怎么列呢？悟空想了半天，觉得应该用乘法，因为1个哈密瓜的质量等于10个桃的质量，2个哈密瓜的质量就等于20个桃的质量，20个桃的质量就等于 $20 \times 3 = 60$（个）杏的质量，那么一个西瓜的质量就等于 $2 \times 10 \times 3 = 60$（个）杏的质量。

二虎在组装玩具火车，他有40个车轮，车头需要8个车轮，每节车厢需要6个车轮，他能组装出一列有5节车厢的小火车吗？

这道题虽然问的是能不能，需要比大小，但还是有相等的数量关系：有5节车厢的小火车的车轮数，等于车头的车轮数加上5节车厢的车轮数，这就是相等的部分。车头只有一个，有8个车轮；车厢有5节，车轮数是 $5 \times 6 = 30$（个），加上车头的8个车轮，总车轮数就是 $30 + 8 = 38$（个）。现在有40个车轮，$38 < 40$，所以正确答案就是：二虎能拼出来。

做出这两道题，悟空相信：无论什么题目，只要牢记两步，即先理解题意，再分析数量关系，就能轻松解题！

可是，没多久，悟空又看到了一张图，这张图再次改变了他的想法。

二十九、解题四步走

数学西游

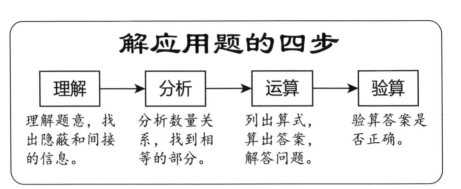

解应用题的四步

理解 → 分析 → 运算 → 验算

理解	分析	运算	验算
理解题意，找出隐蔽和间接的信息。	分析数量关系，找到相等的部分。	列出算式，算出答案，解答问题。	验算答案是否正确。

　　这时悟空才想起：运算和验算，这两步必须有，师父唐僧经常提醒他们。他应该先看这张图，再学习具体的四个步骤，他颠倒了学习的顺序，但也正因如此，他对理解和分析这两步印象特别深，掌握得也很扎实。

　　就这样，悟空不停地学习，没多久，石屋中的所有内容，全被他学会了。这时，那个可怕的问题，又像幽灵一样，在脑海中悄悄冒了出来：怎样才能出去呢？

三十、转化目标

　　悟空想：这石墙很厚，声音传不出去，大喊大叫，根本没用；石墙也很结实，没有金箍棒，只靠拳脚，不可能打出个洞。硬来不行，就只能智取，也就是说，要想办法找到窍门。

　　可是，窍门在哪里？按理说，石屋应该有个门或洞，能让人自由出入，否则，油灯、饼干和水怎么拿进来，石屋内也不会有足够的空气。这点悟空早想到了。所以他认真观察每间石屋，可让他郁闷的是，这么久了，他还没找到"可疑"之处。

　　想来想去，悟空想得头都疼了，这问题太难了，根本没法解决！可是，也不能什么都不干，就这样坐以待毙啊！

　　怎么办啊？悟空用手捂着脑袋，用手指反复搓

额头，不停地思考。

突然，他想到了石墙上的一句话：

如果目标很难，就要想办法转化，把它转化成简单的新目标。

刚看到这句话时，悟空还不太明白，只是把它死记硬背下来，所以印象还挺深。而他现在的情况，恰好可以套用这话的前半句：出去这个目标很难。

接下来呢？如果套用后半句就是：要想办法转化——转化目标！转化成什么呢？什么新目标容易实现？悟空不停地问自己。

对了，石屋里还有一个人呢！出去难，捉人也难。可是，比较一下，还是捉人要容易些。

那好，新目标就是捉人。如果捉住了，那人又知道怎么出去，悟空就能跟着出去了！想到这里，悟空来了精神，他用力挠挠头，继续思考。

目标变了，新的问题也就来了：怎样才能捉住那个人？悟空曾连续在多个石屋中快跑，希望撞见那个人，却始终没见那个人！为什么呢？悟空细想原因：首先，那个人的动作应该也很灵活；其次，那个人应该很聪明，能巧妙地避开悟空。

这36间石屋是互相连通的，这样，悟空追人时，就不知道那人会向上跑还是会向下跑，更不知道那人会何时、从哪里向上跑或向下跑。所以，即使每层只有6间石屋，那人依然能与悟空躲猫猫，轻松避开悟空。

分析到这里，悟空的问题又变了，更新的问题是：怎样做才能限制那个人的活动范围？悟空一边想，一边环顾四周，最后，他的目光落在石桌上。石桌的桌面是圆形的，比圆形的洞口小一些。而且石桌很沉，一般人挪不动，可这对于悟空来说却不是问题，因为他的力气大呀！

于是，悟空跑到最顶层，从左边开始，移动每个石屋中的石桌，把石桌压在通往下方的洞口上，只有最右边的石屋洞口没有压，因为他还要从这个洞口到下面的石屋去。

悟空的想法是：把石桌压在洞口上，一旦洞口敞开，石桌就会落下。如果那人向上跑，就得慢些，毕竟他要躲开石桌，否则会被砸死。而且，一旦石桌落下，会发出巨大的声音，暴露踪迹。这样，那个人就只能向下跑，只要悟空一层一层地把他往下赶，就能在最底层捉住他。

在这个想法的指导下，悟空又在第二层，从最右边的石屋开始，挨个移动石桌。只有最左边石屋的洞口上没压石桌，悟空从这间石屋的洞口向下走，

到了第三层。

接下来，第三层、第四层、第五层，悟空如法炮制。直到第六层，也就是最底下那层，他一直没听到石桌掉落的声音。最后，悟空站在底层最右边的石屋中，双手叉腰，望着通向左边石屋的洞口，得意地点点头："看你往哪儿跑！"

说完，他就像跑百米跨栏一样，冲向左边的石屋，边冲边喊乘法口诀："二二得四、二三得六、三三得九、二四得八……"当他跑到第四间石屋时，只听前面

的石屋传来轰隆一声，悟空心中一喜：好，终于发现你了！于是他大喊："三四十二！四四十六！"同时加快步伐！

当他冲进最左边的石屋时，顿时眼睛一亮！只见一人正顺着石梯往上面的洞口爬呢！

好悟空，运足气，一跃腾空，高高飞起，伸手抓住那人脚腕，只听啊的一声，那人重重地摔在地上！

成功了！悟空松了口气，轻轻落在地上，转身再看，却惊讶地发现：在他眼前的竟是个熟人！那么他到底是谁呢？

三十一、一行小字

　　这人到底是谁？原来是超罗！超罗还是那身装扮：穿黑衣，戴黑帽。但悟空的劲太大，把他摔得不轻，原来那股高傲劲儿给摔没了，取而代之的是躺在地上，不停地扭动身体，并"哎哟、哎哟"叫唤的痛苦神态。

　　悟空才不管他疼不疼呢，径直走到他跟前搜他的身。很快，悟空就从他兜里找到一个笔记本。

　　悟空翻开笔记本，看到上面写着密密麻麻的小字，有两部分内容：一部分和墙上的文字一模一样，另一部分是超罗自己的心得。悟空不禁心中一惊：还有这么学习的？也太认真了！

　　但这些内容并不是悟空想要的，他想找的是关于出去的信息。于是他快速翻动笔记本，终于在最后一页，看到一行小字：3 天，午夜 12 时。

悟空蹲下来，指着笔记本，厉声问道："臭小子，说，这是怎么回事？"

超罗刚刚坐起来，手里拿着他的金丝边眼镜，眼镜的一个镜片碎了，他正心疼呢。超罗凑合戴上眼镜，看看笔记本，又抬起头看着悟空说："想离开这里吗？"

"废话，快说，怎么出去？否则饶不了你！"悟空扬起一只手，看样子，如果超罗不好好说，就会打他几巴掌。

超罗却很镇定："想离开这里，只能从入口出去。"

"可那个洞口上根本没字，念什么口诀？"悟空一直不明白这个事。

"这个洞口只能从外面打开。也就是说，想离开这里，必须有人来接才行。"超罗很得意。

悟空扬起的手慢慢落下，最后落到自己的后脑勺上。他先挠挠头，又点点头："你的意思是，在午夜 12 时，会有人来接你？"

超罗扬起下巴，更加得意："会有人来接，但我们之间有暗号，暗号错了，他就不会转动按钮，打开出去的洞口。"

悟空终于明白了："这么说，我还就得靠你了？"

超罗点点头："没错，对我好一点儿，就是对你自己好。要不然，咱俩就得在这儿待一辈子。或者，你把我打死，自己在这儿待一辈子？"

悟空可不想在这儿多待，哪怕是一天、一小时！这里机关太多，秘密太多，让他感到不安，虽然墙上有好多文字，可他全都学完了！悟空突然觉得眼前这家伙，成了天底下最珍贵的宝贝，刚才的怒火，莫名其妙地消失了，他轻声问："还要多长时间会有人来接你？"石屋中分不清白天黑夜，也没有钟表，悟空不知道自己进来了多长时间。

超罗抬起胳膊，看看腕上的手表："还有一小时。"

悟空扶超罗站起来："那咱们上去，在上面的石屋等？"同时暗自庆幸：多亏我行动快，用石桌把他逼出来，要是让他先跑了，可就惨透了！

"嗯，这还差不多！"超罗满意地点点头，突然，他又皱起眉，揉着腰叫起来："哎哟……我腰疼，都是被你摔的，你得把我背上去。"

这时的悟空比绵羊还乖，超罗说什么，他就做什么，绝不打折扣，更不反对。于是他背着超罗，硬是靠一把子力气，连上五层，走到最初进来的那间石屋。

悟空累得够呛，他放下超罗，一屁股坐在地上，喘着粗气。超罗呢，这时也不皱眉了，也不喊腰疼了，反而绕着屋子，轻松走了几圈！悟空看在眼里，恨在心里：坏超罗，又逗我！好，我先忍着，等出去了，再好好收拾你！

超罗看了一下手表，自言自语："还有半小时！"然后面对悟空，真诚地说："大圣哥，你知道……我为什么来这里吗？"

悟空一愣：嗯？怎么叫起哥了？这小子诡计多端，肯定没安好心！就紧盯着超罗说："为什么来这里？这里有解题方法，你是来学习的！"

超罗有些不好意思："嗯，我来石屋学习，本是想弥补我的不足……"

悟空警惕地打断了他："你怎么知道这里的？"

超罗说："说来奇怪，那天我睡醒了，发现枕头旁边有个纸条，上面写着石屋里有什么，怎样进入石屋等信息。可我没想到你也来了。真奇怪！"

"这说明咱俩有缘！"悟空冷笑道。

"真的有缘！"超罗看上去很诚恳。

悟空却没一点儿好气："什么缘？是你偷我帐篷的缘，还是劫我师父的缘？你倒是说说！"

三十二、告别石屋

　　超罗赶紧解释："大圣哥，我进来的时候，就想学会解应用题，好以后更好地破坏数学世界。这么想，是因为我一直觉得数学没有用。可如今我学会了解应用题，反而觉得数学很有用！所以我决定，从今以后，再也不搞破坏了！"

　　这话说得挺真诚，可悟空并没听进去，因为他更关心的是怎么出去："一会儿来接你的人是谁？是没数帮的？"

　　超罗说："嗯，是伶俐虫，我俩已经约好了。大圣哥，我刚才说的可都是真话，我以后真不搞破坏了！"

　　"你还和没数帮混在一起，怎么可能不搞破坏，我才不信你呢！"悟空腾的一下站起身，一手掐腰，一手指着超罗，大声训斥。

超罗无奈地摇摇头，叹了一口气，慢慢蹲下，双手抱着头……

一转眼，半小时就过去了。悟空担心洞口敞开时超罗先跑掉，而把自己留在石屋中，他就从衣服上撕下两根布条，先把自己的左手腕和超罗的右手腕绑在一起，又把二人的腿绑在一起。绑的时候，超罗很配合，因为他也担心悟空先跑掉。绑好后，二人顺着墙边的石梯，费了好大的劲儿，才一起爬到洞口。

时间到了，洞口外传来砰、砰、砰三声。听到声音后，超罗抬起手在洞口处敲了四下。过了一小会儿，洞口的石板悄无声息地消失了——洞口敞开了！二人一起爬出洞外。悟空最先看见的是伶俐虫，接下来是深蓝色的夜空，还有银盘一样的月亮，月光明亮温和，静静地照着整个世界。悟空不禁做了个深呼吸，心里说："哈哈，俺老孙又回来了！"

这时，超罗已解开布条，只说了一句"再见"，就和伶俐虫匆匆跑到纪念塔边，然后顺着一条绳子滑了下去！

悟空没和超罗计较，而是从另一边爬下纪念塔，然后向旅馆跑去。他最担心的是：师父他们找不到

自己，就离开了九九市，那可麻烦了。

悟空到了旅馆却发现，师父、八戒和沙僧不但还在，还睡得很香呢！一个个都打着呼噜，声音此起彼伏，简直像个乐队！

悟空叫醒三人后，问唐僧："师父，几小时后，是不是在中心广场有个活动？"

唐僧说："对啊！是庆祝九九市成立两千年的活动。悟空，这几天你去哪儿了？可把为师急死了！"

悟空心想：我怎么没看出来？你们睡得好香！但他此刻没心情开玩笑，又问一遍："事关重大，师父确定有这个活动？"

唐僧说："确定，市政府还邀请我们出席，做活动的嘉宾呢！"

八戒迷迷糊糊地说："对，参加完活动，还能大吃一顿呢……"

悟空说："那就对了，我有个绝密情报——今天的活动中，有人要刺杀市长！"

唐僧三人立刻清醒了，一起问："刺客是谁？"

悟空说："据说每个嘉宾的请柬上都有个编号，这个刺客也是嘉宾，他的编号是……"

三人异口同声地问："是什么？"

"一天半之内，时针和分针重合的次数，就是这个嘉宾的请柬编号。"悟空说。

三人一起抬头看墙上的挂钟："次数？"

悟空说："对！我就知道这些，剩下的事情就靠你们了！困死我了，让我睡一会儿！"悟空在石屋中待了三天三夜，一直没睡觉，已精疲力尽。现在任务完成了，又有了床，就倒头睡去。

八戒吸吸鼻子："嘿，这是什么情报，还得自己破解！我还得找个钟试试！"

唐僧看看表："快到1时了，庆祝活动在上午9时开始，还有8小时多一点儿，时间来得及，八戒，你去试吧！"说完他就走到窗边，看天上的星星去了。

于是，八戒把墙上的挂钟取下来，拨到12时。他想：一天是24小时，半天是12小时，我把时针和分针转12圈，观察它们是否重合，就知道了半天重合的次数，再乘以3，就是一天半的次数！

沙僧没有手表，又没拿到挂钟，就在本子

三十二、告别石屋

上写写画画。刚画了一个圆圈，他就听见八戒嚷嚷："坏了！坏了！"抬头一看，只见八戒右手拿着旋钮，左手拿着挂钟，两个眼睛瞪得溜圆，一副六神无主的样子。原来，他太着急了，劲头又大，竟然掰断了挂钟上的旋钮！

　　旋钮断了，就无法调整挂钟的时间，怎么办？

三十三、刺客是谁

挂钟坏了，八戒只好拿出手表，这手表还是太上老君送的呢，师徒四人每人一块。可悟空和沙僧的手表，早被河水冲走了，现在只有唐僧和八戒有手表。八戒看了一会儿，和沙僧讨论起来。

八戒问："题目是什么来着？"

沙僧说："一天半之内，时针和分针重合的次数。"

八戒说："半天是 12 小时，一天半，就是 3 个 12 小时。"

沙僧说："对，设定分针从 12 开始，走一圈后，再回到 12 这里，就是 1 小时。"

八戒说："嗯，分针转整整一圈，那不管时针在哪里，它一定会路过时针一次，就是有一次重合！"

沙僧说："那 12 个小时，就是 12 次重合了？可

是……我总感觉哪里不对劲儿呢？"

八戒说："有什么不对，这道理多清楚，你也太笨了！"

沙僧也不说话，他拿起八戒的手表，仔细观察。过了一会儿，沙僧才说："你看，先从夜里12时说起，12时的时候，时针和分针都在12，这是一个昼夜的开始，也就是说，开始的时候就重合了一次，对吧？"

八戒想了一会儿，说："这次重合，就是从12时到1时，时针和分针重合的那一次。因为这以后，从12时到1时，时针和分针再也没有重合。"

沙僧说："好吧，你说得也有道理，我再验证一下其他时间的情况。"

过了好久，沙僧突然直拍大腿，说："噢！老天，我终于找到了！从1时到11时，每小时时针和分针都会重合一次。但是，从11时到12时，时针和分针没有重合！"

八戒听后，赶紧拿起他的手表，仔细观察，最后他说："不对，到了12时，它们又重合了！"

沙僧说："但这次重合，我们会把它算作下一个从12时到1时的那次，如果再算一次就重复了！"

八戒说："这么说，就得从12次中减掉一次，就是11次？"

沙僧说："对，就是每过 12 小时，时针与分针重合 11 次，一天半，就是 11 乘以 3！"

沙僧说到这里，就拿起笔准备写在本子上，但不知为什么又放下了。

八戒问："怎么啦，你说得对，快写啊！"

沙僧苦着脸说："我不会算 11 乘以 3，我只会乘法口诀……"这么一说，八戒也犯起愁来。

这时，唐僧看够了星星，从窗边走来："你俩想一想，乘法是怎么来的？"

沙僧说："多个相同的数相加，人们为了计算简便，就发明了乘法……"话还没说完，又狠狠拍了一下大腿："嗨！11 乘以 3，就是 3 个 11 相加！"

沙僧说完就拿起笔来，算出了结果：11+11+11=33。

八戒说："刺客就是 33 号嘉宾！"

沙僧说："师父，快拿出咱们的请柬，看看是多少号。"

八戒说："对，只要知道他在哪儿，我就能亲手抓住这坏蛋！"

谁知三人看完请柬，却全傻了眼：请柬有四张，编号分别是 32、33、34、35，这 33 号请柬正是送给八戒的！

数学西游

　　唐僧和沙僧一起盯着八戒，八戒慌了："怎么可能是我？我天天和你们在一起！这分明是陷害，情报是假的！"

　　唐僧和沙僧想了想，八戒说得对，他不可能是刺客。可是，二人又验算了一遍，答案还是33。看来很可能是情报有误。沙僧还不放心，又把悟空叫醒，悟空刚睡了一小时，还迷糊着呢，听他们说完就更糊涂了，只说了句："那就别报警了，到时随机应变吧！"然后又倒头大睡。

　　三人一想也对：也不能和警察说有刺客，刺客就是我自己，这也太荒唐了！于是他们又赶紧躺下，睡了个回笼觉。

　　第二天清晨，唐僧最先起床，叫醒三个徒弟："咱们还是早点儿到会场，观察一下情况吧！"

　　八戒不愿意动弹，就说："这情报是假的，还折腾什么呀，再说了，早去晚去都一样嘛！"

　　唐僧说："要是没刺客，咱们就当看景了。九九市的市长可是个能人，万一他被刺杀，数学世界的损失就太大了！"

　　"对，无论如何，也不能让没数帮得逞，快走！"悟空说着，揪起八戒的大耳朵就往房间外面拉，八戒疼得直叫："慢点慢点！臭猴子，你就喜欢动手！"

就这样，师徒四人吵吵嚷嚷，一起出了门。

三十四、所有可能

　　在路上，唐僧跟三个徒弟讲起九九市市长，他也是一个数，是99。在悟空失踪的第二天上午，市长亲自找到唐僧，在表示热烈欢迎的同时，希望他们能在九九市多住几天，以帮助警察抓住超罗，狠狠打击没数帮。

　　悟空问："没数帮要刺杀市长，会用什么方法呢？"

　　唐僧说："他们的老大豆一样的方法是，悄悄变出一个等号，这个等号不是人，而是一个东西，可以藏在其他物品中，把它放在两个不同的数中间，比如3和4，有了等号，就成了3=4，这是一个错误等式。他再连着念3句：都一样，3和4就被谋杀了！"

　　八戒说："为什么成了错误算式就会死啊？"

　　唐僧说："难道你忘了？数学世界中有自动检查对错

的功能，就是说，如果一个算式错了，里面的数和符号会全部死亡。"

悟空说："因为市长是个数，所以可以用这个方法来刺杀他！"

唐僧说："能凭空变出等号的，只有没数帮老大豆一样。可是他不会数学计算，而进入会场需要安全检查，检查时只要考他两位数的加减法，就很容易把他揪出来！我在想，如果豆一样是刺客，他会怎样进入会场呢？"

沙僧说："既然活动很重要，安全检查一定严格，要想偷偷溜进去，难！"

悟空挠挠头："难道他们控制了某位游客，用游客来刺杀？"

唐僧听到这里，突然一拍手："对了，豆一样还有个本事，我怎么给忘了！他能侵入游客的大脑，进而控制游客，但他是怎么做到的，还没有人知道。"

悟空说："这就对了，如果这个被控制的游客既会计算，能通过安全检查，又能变出等号，就能完成刺杀任务！所以，刺客可能就是一位游客！"唐僧看看悟空，二人互相眨眨眼，好像约好了什么。

沙僧说："可是游客很多啊……"

话没说完，就被八戒打断了："对，游客太多了，

数学西游

我们只有四个人，不可能盯住每个人！"

悟空说："所以我们要提前去，计划一下嘛！"

不一会儿，四人就到了中心广场。广场上的晨雾还没有散，却已经有很多工作人员，他们在布置会场，做准备工作。一些人在设置警戒线和安全检查站，一些人在搬桌椅板凳，还有一些人在调试麦克风和摄像机。

再过几小时，庆祝活动将在这里举行。市民和游客欢聚一堂，唱歌跳舞，庆祝九九市建成两千年。在联欢前有一个简短的仪式，市长将在仪式上发言。要行刺市长，十有八九就在这段时间。

师徒四人离着老远观察活动现场。市长发言时，会站在主席台上，主席台背对着纪念塔，面对广场，上面放着一个演讲台。主席台两侧有两个大看台，看台是给嘉宾坐的。看台与主席台之间有通道连接。

沙僧说："我们坐在看台上，离市长还很远，怎么保护他？"

八戒说："依我看，这样也好，如果有危险，市长可以跑掉嘛！"

悟空说："就怕他跑不动，或者跑得慢！"

唐僧问三人："如果你是刺客，怎样才能完成任务？"

三个徒弟你一言，我一语，讨论了半天，他们考虑了所有可能性，也商量好了该怎么办。

　　太阳慢慢升起，雾也散了，这时已经快九点了。数学世界里的居民各个披红挂绿，浓妆艳抹，像潮水一样不断涌入中心广场。看来，他们都很重视今天的节日，真的是要好好庆祝一番。

　　师徒四人也跟着人流进入了会场。唐僧本来是35号，与八戒挨着，可不知为什么，他却和沙僧换了座位。于是，八戒和沙僧走上左侧看台，唐僧与悟空走到右侧看台。因为左侧看台的座位号都是单数，比如1、3、5、7、9等，右侧的都是双号，比如2、4、6、8、10等。

　　八戒上了看台，发现他的座位在最前排，而且紧挨着去主席台的通道，便很高兴："刺客敢从这里过，我就立刻拿下他！"他手握腰带上的钉耙，信心满满。沙僧没说话，却也摩拳擦掌，准备随时行动。

　　等八戒坐下后，再看右边，却只见唐僧坐在看台上，八戒心想：这猴哥真不老实，又跑哪儿去了？

二十四、所有可能

三十五、保护市长

9点，纪念活动准时开始。礼炮鸣放完毕，市长站在演讲台前开始发言。一切都很顺利，这让八戒越来越觉得：悟空提供的情报是假的。

今天，八戒的任务是带着神奇墨镜，观察接近市长的所有人。只要有等号，他就打手势发信号。唐僧和悟空看到信号，会想办法处理。

开始时，八戒还有些紧张，随着时间的推移，他越来越放松。可一放松，脑子生出很多想法，各种想法搅和在一起，脑子越来越乱。八戒突然觉得，自己看到的所有数都一样——这是怎么回事？

这荒唐的想法，让八戒突然清醒了：数不可能都一样，要是一样，岂不成了没数帮？他晃晃脑袋，睁大眼睛，心中告诉自己：千万不能糊涂，然而，可惜的是，此后他再没有清醒过。他的脑海中不断浮现出各种荒唐的想法，让他越来越觉得：所有的数都一样。对，就是这么回事，他不但这么想，还要大声喊出来，这样才痛快！

这时，市长发言结束了。一个小女孩手捧一束鲜花，走上主席台，她要把鲜花送给市长。摄像师也走上主席台，他要拍下这激动人心的画面。

可是，就在小女孩把鲜花递到市长手上时，奇怪的事情发生了。八戒突然站起来，大喊一声："都一样！"市长顿时脸色煞白，浑身发抖。

八戒又喊一声："都一样！"市长脸色漆黑，身

体左摇右晃，眼看就要倒在地上。与此同时，小女孩和摄像师也都浑身发抖、面色苍白！

看到这情景，大家明白了，市长被袭击了！小女孩和摄像师都是数，小女孩的那束花里，还有摄像师的照相机里，一定都藏着等号，这两个等号把他们三人连在一起，变成两个错误的等式。

如果只有一个等号，市长还可以闪开或后退，就能躲避袭击。可是，小女孩和摄像师一左一右，同时从不同角度对着市长，就让市长无处可躲。

所有人都惊呆了，只要八戒再喊一声"都一样"，市长必死无疑——这就是数学世界中，规则的强大力量！

就在这千钧一发之际，从演讲台里突然蹦出一人，把市长扑倒了！市长躺在地上后，相机和鲜花不对着市长，就构不成错误的等式，就不能伤害市长了。

而八戒只喊出一个字"都"就停了！为什么呢？因为沙僧伸出手，捏住了他的嘴。可他的嘴太大，不好捏，八戒又使劲晃脑袋，眼看就要挣脱。情急之下，沙僧另一只手握成拳头，咚的一声，砸在八戒头顶——八戒晕倒了！

这一刻很安静，过了一会儿，人们才意识到：

危险解除了！所有人都松了一口气，为市长高兴。

再说演讲台里的人，他是谁？怎么会在演讲台里？

他就是悟空，进入会场后，他就藏在演讲台里，为的是能近距离保护市长。恰好他身形小，能藏在里面，没人会想到演讲台里还会有人。悟空推开市长后，又把鲜花和相机扔到一边——没有等号，就不会有错误的等式，危险彻底解除了。

急救人员拿着担架，匆匆跑上主席台，抬走市长、小女孩和摄像师。市长虽然躺在担架上，仍然冲大家挥了挥手，这说明，他没有受到致命伤害。

为什么八戒会失去控制，大喊"都一样"呢？

因为八戒的大脑已经被豆一样控制了，所以才会做出怪异的事。而这一点早被唐僧和悟空猜到了。他俩根据情报，还有八戒的表现，猜出那刺客很可能就是八戒。让沙僧陪着八戒，就是怕万一八戒有问题，沙僧好制服他。

悟空和唐僧都来到八戒身边。警察局长也跑过来，向四人鞠了一躬："今天多亏你们，真是太感谢了！"

唐僧说："别客气，都是老朋友！"

悟空说："豆一样太阴险，竟然控制别人的大脑，

我还从来没见过这么坏的妖怪！"

沙僧说："是啊，这让人防不胜防！不除掉没数帮，数学世界永无宁日啊！"

警察局长摇摇头，无奈地说："想除掉他们，难呀！"

唐僧没说话，而是弯下腰，仔细看地上的八戒，又抬起手，擦掉八戒脸上的汗珠，流着泪说："悟空、悟净，你俩先把他抬下去，好好照顾他，我们一定能把他治好！"

三十六、八戒治病

悟空和沙僧抬着八戒，来到看台下的休息室，让八戒平躺在一张大桌子上。八戒慢慢苏醒，又恢复了理智，只是身体还很虚弱。沙僧告诉了他刚才的事，八戒听后，羞愧难当。

悟空说："这不怪你,这是病！"八戒却紧闭双眼，一直摇头。

唐僧和警察局长也来了，局长说："对这个病，我们也没有好办法……通常，只能把得病的游客关起来，如果关一段时间还不好，我们就得护送他离开数学世界。"

八戒痛苦地说："快把我……送到人间吧,我……受够了！"

局长说："对不起，你现在说的话，我们不能确

定是你自己的想法，还是控制你的人的想法。"

八戒再不说话，只是安静地躺着，眼角慢慢流出两行眼泪。

局长说："如果带病回到人间，也会过得很惨，因为病人会觉得所有的数都一样。比如开车时，他觉得快点慢点都一样，这样轻则违章，重则发生交通事故。当然，开车只是一个例子，这样的病人，没有什么事情能做好。"

听到这话，师徒三人全傻了："那怎么办？"

"也不是全没办法……"局长痛苦地抓着头发，慢慢说道，"就在几周前，有个小游客得了这病，他爸爸学过医，亲自给他配了药。据说，这药能在30天内控制住病情。"

悟空问："30天后呢？"

"小游客吃药后，他们就立刻出发去找杨二郎了。据说杨二郎有个哥哥，叫杨大成，他有办法治这病。但最后的结果，我也不知道。"局长说。

悟空又问："这位爸爸配的药，你还有吗？"

局长说："还剩下一点儿，我让人拿来，你们稍等！"

师徒三人面露喜色：八戒总算有救了！

可是，打开药箱后，众人却傻了眼：药箱里有

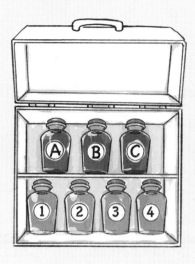

两排小玻璃瓶，上面一排有3瓶，里面装着红色药液，瓶身上分别标着A、B、C；下面一排有4瓶，里面装着蓝色药液，瓶身上分别标着1、2、3、4。药箱盖上写着一行字：红色蓝色各两勺，混合后口服。

悟空问："红色有3瓶，要打开哪瓶？"

沙僧问："蓝色有4瓶，要打开哪瓶？"

唐僧有些生气："你俩都问我，我问谁去？这说得简单，却有12种可能呢！"

悟空很疑惑："12种可能，这数是怎么算出来的？"

沙僧也说："对啊，师父，给我们讲讲吧！"

唐僧说："如果正确的红色药水是A，那么和它搭配的蓝色药水，可能是1、2、3、4，就是说有4种可能，对于B，和它搭配的蓝色药水，也有4种可能。对于C，还是同样的道理，有4种可能，这样，3个4相加，也就是4×3=12！"

悟空挠挠头："嘿，乘法居然能用在这儿！"

唐僧说："那当然，这叫乘法原理，以后还会学到，怎么样，乘法的用处多吧？"

悟空和沙僧还要问，却见八戒睁开双眼，着急

地说："快，快……想办法呀！12种可能，到底是哪种？再不给我药，臭猴子，你俩就把我掐死算了！"

悟空只好拿起小药瓶，仔细观察，看了好一会儿，他一拍脑门，笑道："有办法了！"

大家一起问："什么办法？"

悟空说："你们看，这7瓶药水中，只有A瓶和3瓶少一些，而其他瓶中的药水都一样多，这说明上次用的就是A和3，正确的搭配就是它们了！"

原来，刚才的药瓶是平放在药箱中的，这样放，就看不出里面的药液有多少。而悟空把它们都拿出来，立在桌面上看，就能看清楚哪个多、哪个少了！大家都觉得悟空好聪明。

沙僧赶紧把药调好，让八戒吃了。没多久，八戒一骨碌坐起来，他的动作灵活了，眼睛也有神了，看来这药是用对了。

警察局长很佩服悟空，一个劲地夸他，对他竖大拇指。悟空来了精神头，一手掐着腰，一手拍着胸脯，得意地说："这个嘛，小意思啦，我问你，想把没数帮一网打尽吗？"

局长连连点头，像小鸡啄米似的："想，当然想，我做梦都想！"

悟空神秘地笑笑："我可是有个好办法，想知道吗？"

　　这时八戒急了："别耽误时间了，咱们赶紧去找那个谁……杨大成吧！"

　　他们能把没数帮一网打尽吗？能找到杨二郎和杨大成吗？八戒的病能治好吗？请看下一册！